高等职业教育“十二五”机电类规划教材

数控铣削编程与操作

主　编　李宗义

副主编　张庆华　王振洲

参　编　全晓春　吴国芳　张宏乐

机　械　工　业　出　版　社

本书包括五个模块，以数控铣床为主，拓展了部分加工中心的有关知识。其中，模块一介绍了数控铣床（加工中心）基础知识；模块二～四分别介绍了平面槽零件铣削加工、轮廓铣削加工和孔的加工；模块五介绍了综合加工。全书从培养技术应用型人才的目的出发，注重实用性，强调理论联系实际。

本书可作为高等职业院校数控技术、机电一体化技术、模具设计与制造、机械制造与自动化等专业的实践教学教材，也可供有关专业的师生和从事相关工作的科技人员参考。

本书配有电子课件，凡使用本书作为教材的教师可登录机械工业出版社教育服务网（http：//www. cmpedu. com），注册后免费下载，或发送电子邮件至 cmpgaozhi@ sina. com 索取。咨询电话：010-88379375。

图书在版编目（CIP）数据

数控铣削编程与操作/李宗义主编．—北京：机械工业出版社，2017. 2
高等职业教育“十二五”机电类规划教材
ISBN 978-7-111-56214-6

Ⅰ.①数…　Ⅱ.①李…　Ⅲ.①数控机床—铣床—程序设计—高等职业教育—教材②数控机床—铣床—金属切削—高等职业教育—教材　Ⅳ.①TG547

中国版本图书馆 CIP 数据核字（2017）第 040996 号

机械工业出版社（北京市百万庄大街 22 号　邮政编码 100037）
策划编辑：王英杰　责任编辑：王英杰 刘良超 武晋
责任校对：陈　越　封面设计：陈　沛
责任印制：李　飞
北京汇林印务有限公司印刷
2017 年 5 月第 1 版第 1 次印刷
184mm × 260mm · 9. 75 印张 · 237 千字
0001—1900 册
标准书号：ISBN 978-7-111- 56214-6
定价：26.00 元

前 言

数控编程是数控技术专业的核心课程，是数控编程员、数控工艺员、数控加工设备操作工必须掌握的一门知识。

本书以培养学生的零件数控加工技能为核心，以国家职业标准中、高级数控铣工考核要求为依据，以典型零件为载体，详细介绍了数控铣床、加工中心的数控加工工艺设计、数控编程指令和编程方法。

本书分为五个模块，共十八个任务，具体特点如下：

1. 内容理论与实践无界化

本书每个任务的零件与生产实际相吻合，具有生产实际的典型特点。

2. 任务驱动编写模式

以典型零件的数控加工过程所涉及的基础知识与基本操作技能为前提，分解课程内容，先易后难设计教学训练项目。

3. 衔接就业，融入职业标准

坚持以就业为导向，以能力为本位，面向市场，面向企业，为就业和再就业服务。

本书由李宗义任主编，张庆华、王振洲任副主编，甘肃机电职业技术学院全晓春、吴国芳、张宏乐参与编写。具体编写分工如下：张庆华编写模块一，王振洲编写模块二，张宏乐编写模块三，吴国芳编写模块四，全晓春编写模块五。全书由李宗义统稿。由于编写时间仓促，编者水平和经验有限，书中难免有错误和欠妥之处，恳请读者批评指正。

编 者

目　录

前　言

模块一　数控铣床（加工中心）基础知识 …… 1

任务一　认识数控铣床（加工中心） …… 1

任务二　认识数控铣床（加工中心）的操作 …… 5

任务三　数控铣床（加工中心）编程基础 …… 14

任务四　数控铣床（加工中心）的操作方法 …… 36

思考与练习 …… 42

模块二　平面槽零件铣削加工 …… 43

任务一　直线沟槽的加工 …… 43

任务二　圆弧沟槽的加工 …… 58

任务三　综合沟槽的加工 …… 62

思考与练习 …… 75

模块三　轮廓铣削加工 …… 76

任务一　外轮廓的加工 …… 76

任务二　内轮廓的加工 …… 84

任务三　组合件加工 …… 90

思考与练习 …… 98

模块四　孔的加工 …… 101

任务一　钻孔、镗孔、铣孔 …… 101

任务二　铰孔 …… 117

任务三　攻螺纹 …… 121

思考与练习 …… 127

模块五　综合加工 …… 128

任务一　零件的综合加工 …… 128

任务二　利用子程序调用、镜像功能及旋转功能编程 …… 132

任务三　利用 G51.1、G50.1 指令功能的镜像加工 …… 136

任务四　利用旋转变换 G68、G69 指令功能的加工 …… 139

任务五　综合零件加工 …… 142

思考与练习 …… 150

参考文献 …… 152

模块一　数控铣床(加工中心)基础知识

任务一　认识数控铣床（加工中心）

【任务目标】

一、任务描述

随着现代企业产业升级，数控铣床（加工中心）已得到了广泛的应用，在本任务中我们主要认识什么是数控铣床（加工中心）。

二、学习目标

1）了解数控铣床（加工中心）的组成和工作原理。

2）了解数控铣床（加工中心）的分类和特点。

三、技能目标

1）掌握数控铣床（加工中心）工作原理。

2）掌握数控铣床（加工中心）加工特点。

【知识链接】

一、数控铣床（加工中心）的概念、组成和工作原理

（一）概念

数控是数字控制（Numerical Control，NC）的简称，是用数字信号对机床运行及加工过程进行控制的一种方法。

数控机床是由数字化信号控制运动及加工过程的机床，或者说是装备有数控系统的机床。数控机床按加工用途不同可分为数控铣床、加工中心、数控车床、数控钻床、数控电火花成形机床、数控线切割机床和其他数控机床。

数控铣床是主要采用铣削方式加工零件的数控机床，是在一般铣床的基础上发展起来的，两者的加工工艺基本相同，结构也有些相似，但数控铣床是靠程序控制的自动加工机

床，所以其加工方法（过程）与普通铣床有很大区别。它能够进行外形轮廓铣削、平面或曲面型腔铣削及三维复杂型面的铣削，如加工凸轮、模具、叶片等。另外，数控铣床还具有孔加工的功能，通过特定的功能指令可进行一系列孔的加工，如钻孔、镗孔、扩孔、铰孔和攻螺纹等。图 1-1 所示为一种数控铣床及其加工的零件。

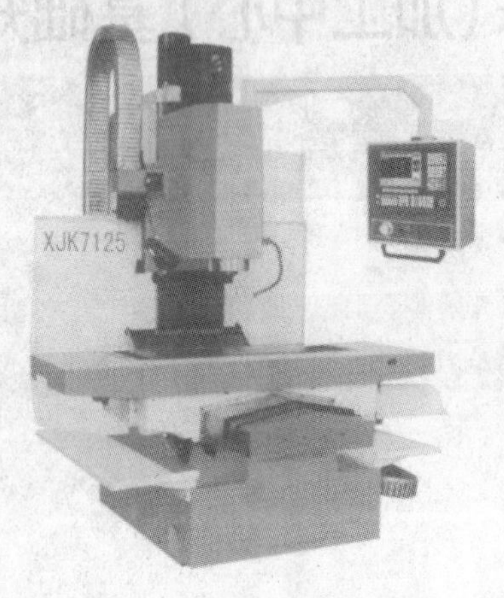

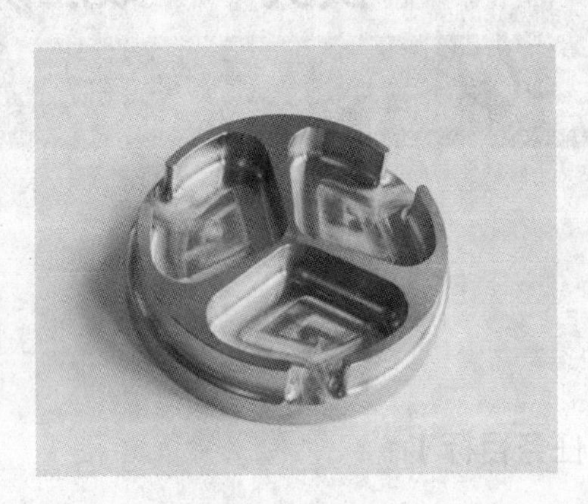

图 1-1　数控铣床及其加工的零件

加工中心（Machining Center）是一种配有刀库（带回转刀架的数控车床除外）并能自动更换刀具对工件进行多工序加工的数控机床，是具备两种机床功能的组合机床。它与普通数控镗床和数控铣床的区别之处主要在于它附有刀库和自动换刀装置（Automatic Tool Changer，ATC），适用于加工形状复杂、工序多、要求较高、需用多种类型的普通机床和很多刀具夹具且经多次装夹和调整才能完成加工的零件。其主要加工对象有箱体类零件、复杂曲面类零件、异形件、盘套板类零件和特殊零件五类。图 1-2 所示为一种加工中心及其加工的零件。

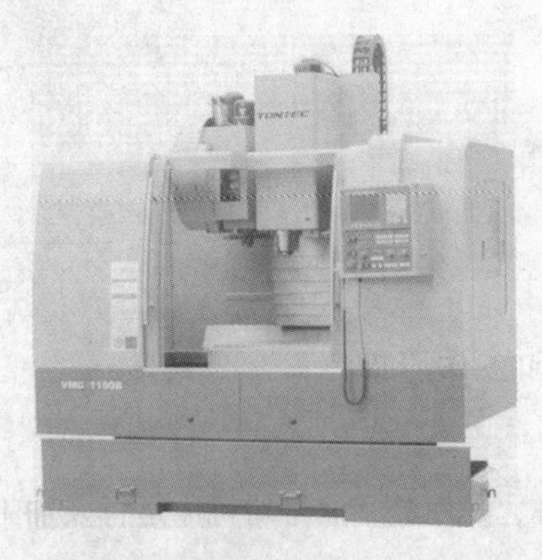
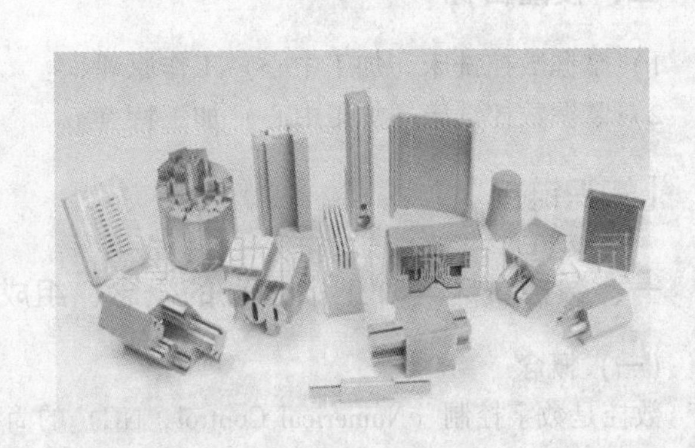

图 1-2　加工中心及其加工的零件

（二）数控铣床（加工中心）的组成和工作原理

1. 组成

数控铣床和加工中心基本由数控系统、伺服系统、检测装置、辅助装置和机床本体组成。加工中心还有刀库和自动换刀装置。

（1）数控系统　数控机床的核心，它由程序的输入/输出装置、数控装置等组成，能完成信息的输入、存储、变换、插补运算以及实现各种功能。

（2）伺服系统　数控机床的执行机构，它位于数控装置和机床本体之间，包括主轴驱动单元（主要是速度控制）、进给驱动单元（主要有速度控制和位置控制）、主轴电动机和进给电动机。伺服系统接受数控装置的指令信息，并按指令信息的要求控制执行部件的进给速度、方向和位移。指令信息是以脉冲信号体现的，每一脉冲使机床移动部件产生的位移量称为脉冲当量。

（3）检测装置　其作用是检测速度和位移，并将信息反馈给数控装置，以保证机床的加工精度。

（4）辅助装置　其作用是控制机床的各种辅助动作，由液压装置、气动装置、冷却系统、润滑系统、自动清屑器等组成。

（5）机床本体　机床的机械部分，主要由床身、主轴箱、立柱、工作台、导轨、滑板等支承部件、主运动部件、进给运动执行部件及传动部件等组成。

2. 工作原理

如图1-3所示，在数控机床上加工零件时，首先要按照零件图的工艺要求，将零件图上的几何信息和工艺信息数字化，也就是将刀具与工件的相对运动轨迹、加工过程中主轴速度和进给速度的变换、切削液的开关、工件和刀具的交换等控制和操作，按规定的代码和格式编写成数控程序，然后通过介质或机床面板手动将数控程序输入到数控系统。数控系统按照程序的要求，先进行相应的运算、处理，然后发出各种控制命令来驱动机床的伺服系统或其他执行元件，使各坐标轴、主轴及相关的辅助动作相互协调，实现刀具与工件的相对运动，自动完成零件的加工。

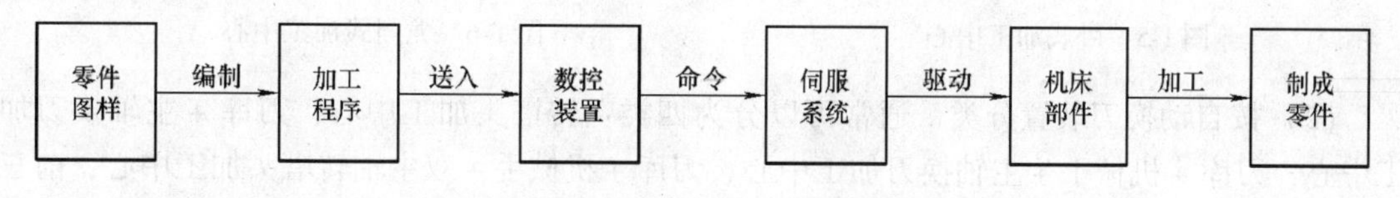

图1-3　数控机床工作原理

二、数控铣床（加工中心）的分类和特点

（一）数控铣床的分类和特点

1. 数控铣床的分类

数控铣床是一种用途广泛的数控机床，按照不同方法可分为不同种类。

1）按主轴位置方向分为立式数控铣床、卧式数控铣床。

2）按加工功能分为数控铣床、数控仿形铣床、数控齿轮铣床等。

3）按控制坐标轴数分为二轴数控铣床、二轴半数控铣床、三轴数控铣床等。

4）按伺服系统方式分为半闭环伺服系统数控铣床、闭环伺服系统数控铣床、开环伺服系统数控铣床。

2. 数控铣床的特点

数控铣床最大的特点是高柔性。所谓“柔性”，即灵活、通用、万能，数控铣床适用于加工不同形状的零件。数控铣床的高效率主要是数控铣床高柔性带来的，它一般不需要使用专用夹具工艺装备，在更换工件时，只需调用存储于计算机中的加工程序，然后装夹工件和调整刀具数据即可，能大大缩短生产周期。

数控铣床的主轴转速和进给量都是无级变速的，因此，有利于选择最佳切削用量，具有快进、快退、快速定位功能，可大大减少辅助时间。数控铣床与普通铣床相比，生产率可提高3~5倍，对于复杂的成型面加工，生产率可提高十几倍，甚至几十倍。

将数控铣床调整好后，输入程序并起动，它就能自动连续地进行加工，直至加工结束。操作者主要进行程序的输入、编辑、装卸零件、刀具装备、加工形态的观测、零件的检验等工作。这样可极大地降低劳动强度，操作者的工作趋于智力型。

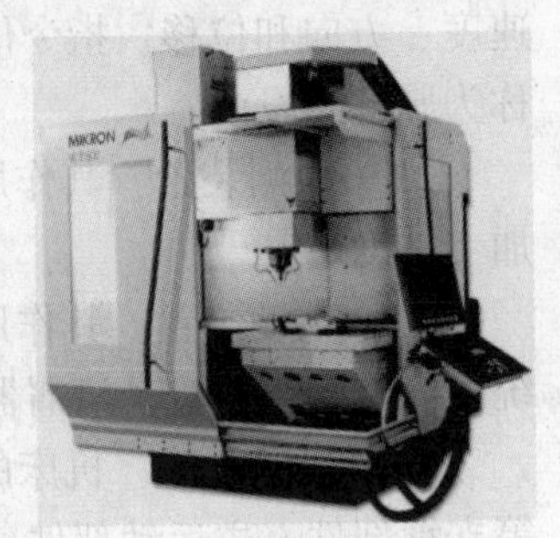

图1-4　立式加工中心

（二）加工中心的分类和特点

1. 加工中心的分类

（1）按照机床结构分类　可分为立式加工中心、卧式加工中心、龙门式加工中心和万能加工中心，前三类外观分别如图1-4~图1-6所示。

图1-5　卧式加工中心

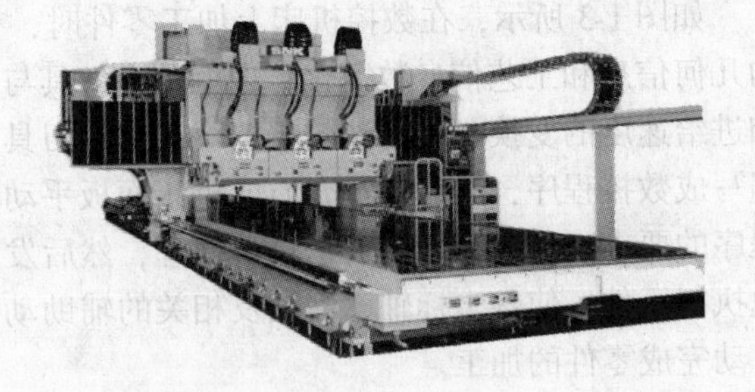

图1-6　龙门式加工中心

（2）按自动换刀装置分类　通常可以分为四类：转塔头加工中心、刀库+主轴换刀加工中心、刀库+机械手+主轴换刀加工中心、刀库+机械手+双主轴转塔头加工中心，前三类分别如图1-7~图1-9所示。

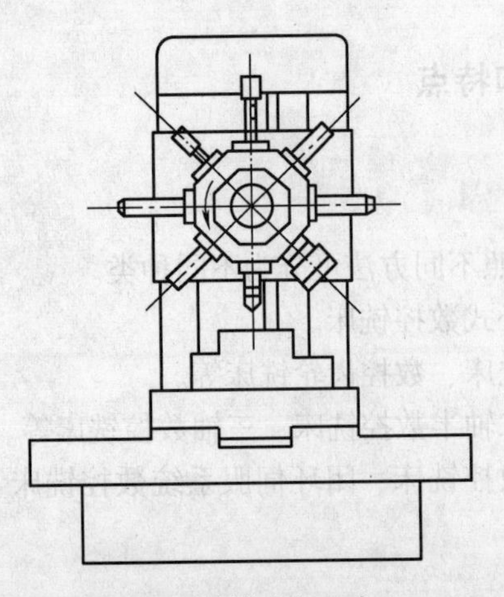

图1-7　转塔头加工中心

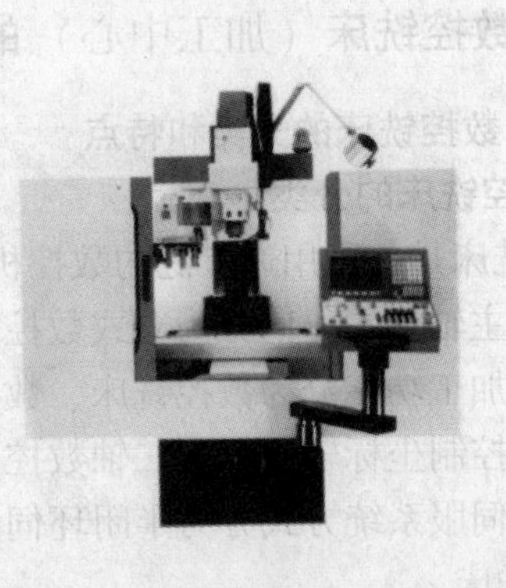

图1-8　刀库+主轴换刀加工中心

（3）按工艺用途分类　可分为镗铣加工中心、车削加工中心、钻削加工中心、攻螺纹

加工中心、磨削加工中心及复合加工中心等。

（4）按加工中心机械结构特征分类　按工作台种类分，加工中心工作台有单工作台、双工作台和多工作台。

（5）按主轴结构特征分类　可分为单轴加工中心、双轴加工中心、三轴加工中心及可换主轴箱的加工中心。

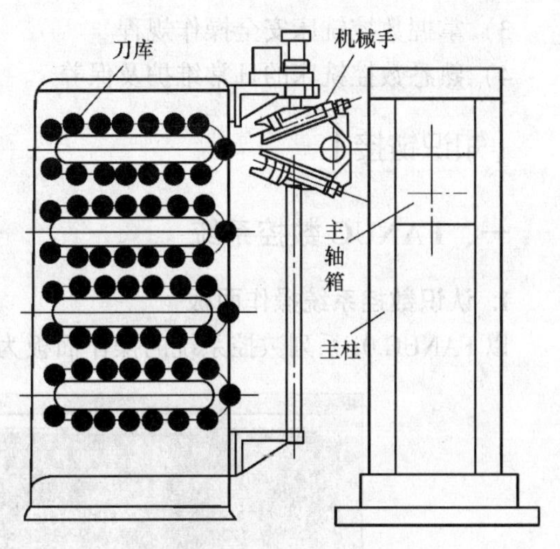

图 1-9　刀库 + 机械手 + 主轴换刀加工中心

2. 加工中心的特点

加工中心具有良好的加工一致性和经济效益，与其他数控机床相比，有如下特点：

1）加工工件复杂，工艺流程很长时，加工中心能排除工艺流程中的人为干扰因素，具有较高的生产率和质量稳定性。

2）由于工序集中和具有自动换刀装置，加工中心能更大程度地使工件在一次装夹后实现多特征、多工位的连续、高效、高精度加工。

3）具有自动交换工件工作台的加工中心，一个工件在加工时，另一个工作台可以实现工件的装夹，从而大大缩短辅助时间，提高加工效率。

4）带有自动摆角的主轴或回转工作台的加工中心，在一次装夹后，能自动完成多面和多角度的加工。

5）刀具容量越大的加工中心，加工范围越广，加工的柔性化程度越高。

6）利用加工中心进行生产，能够准确地计算出零件的加工量，并有效地简化检验、工件装夹和半成品的管理工作，有利于生产管理现代化。

任务二　认识数控铣床（加工中心）的操作

【任务目标】

一、任务描述

数控铣床（加工中心）的操作主要是通过对其面板的操作来完成的，所以，认识面板功能并能够熟练操作面板是学习数控铣床（加工中心）操作的基础。

二、学习目标

1）了解数控铣床（加工中心）常用的数控系统。

2）学习常用数控系统的数控铣床（加工中心）面板各按键、旋钮的功用。

三、技能目标

1）掌握 FANUC（发那科）0i 系统数控铣床面板功能。

2）掌握 SIEMENS（西门子）802S 系统数控铣床面板功能。

3）掌握数控铣床安全操作规程。

4）熟悉数控铣床的日常维护及保养。

【知识链接】

一、FANUC 数控系统

1. 认识数控系统操作面板

以 FANUC 0i 系列数控系统的操作面板为例介绍系统操作面板，如图 1-10 所示。

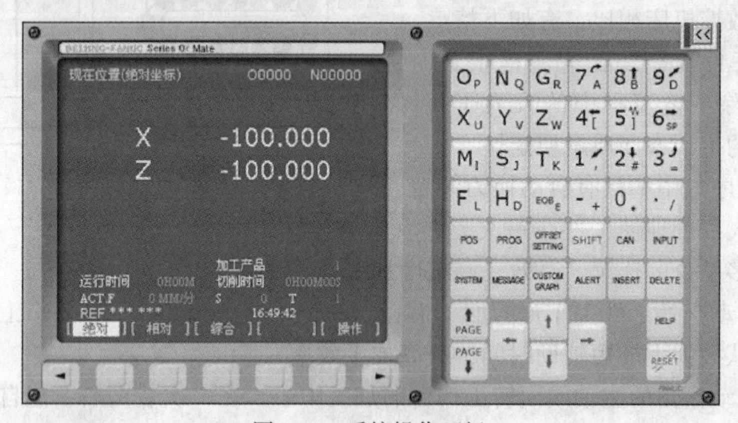

图 1-10　系统操作面板

（1）数字/字母键　如图 1-11 所示。

（2）CRT 显示器　如图 1-12 所示。

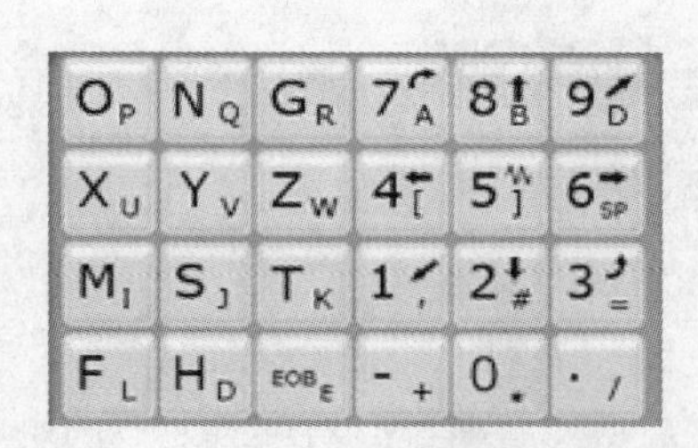

图 1-11　数字/字母键

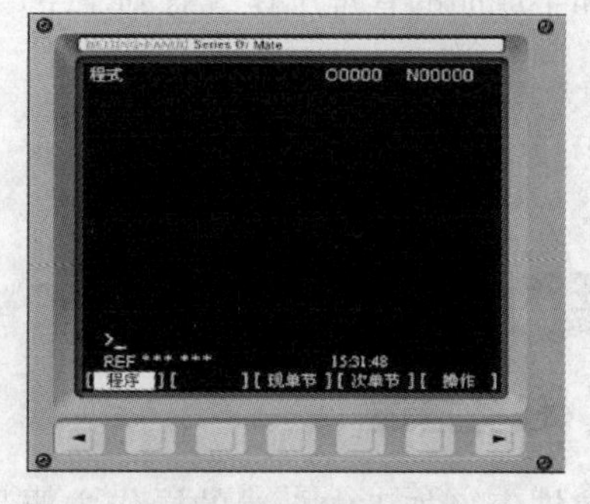

图 1-12　CRT 显示器

（3）编辑键

ALERT 替代键，用输入的数据替代光标所在的数据。

DELETE 删除键，删除光标所在的数据，删除一个数控程序或全部数控程序。

INSERT 插入键，把输入域之中的数据插入到当前光标之后的位置。

CAN 修改键，消除输入域内的数据。

EOB 回车换行键，结束一行程序的输入并且换行。

SHIFT 上档键，用于切换键上面的两个字母。

（4）页面切换键

PROG 键，按下该键可打开数控程序显示与编辑页面。

POS 键，按下该键可打开位置显示页面。位置显示有三种方式，可用翻页键选择。

OFFSET SETTING 键，按下该键可打开参数输入页面。按第一次进入坐标系设置页面，按第二次进入刀具补偿参数页面。进入不同的页面以后，可用翻页键切换。

RESET 复位键，按下该键可解除报警，使数控系统复位。

（5）翻页键

↑PAGE 键按下，向上翻页。

PAGE↓ 键按下，向下翻页。

（6）光标移动键

↑ 键按下，向上移动光标。

↓ 键按下，向下移动光标。

← 键按下，向左移动光标。

→ 键按下，向右移动光标。

（7）INPUT 输入键　把输入域内的数据输入参数页面或者输入一个外部的数控程序。

2. 认识机床操作面板

以 FANUC 0i-M 系统宇航仿真软件标准操作面板为例来介绍机床操作面板，如图 1-13 所示。

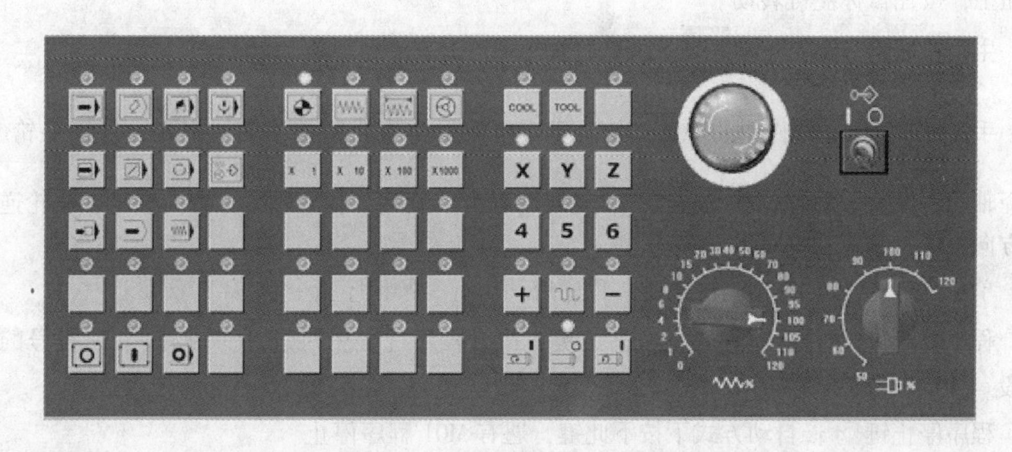

图 1-13　数控铣床（加工中心）宇航仿真软件标准操作面板

AUTO：自动加工模式。

EDIT：编辑模式。

MDI：手动数据输入。

INC：增量进给。

HND：手轮模式移动机床。

JOG：手动模式，手动连续移动机床。

DNC：用 RS 232 电缆线连接 PC 机和数控机床，选择程序进行直接传输，加工。

REF：回参考点。

程序运行开始：模式选择旋钮在“AUTO”和“MDI”位置时按下有效，其余时间按下无效。

程序运行停止。

手动主轴反转。

手动停止主轴运行停止；在程序运行中，按下此按钮停止程序运行。

手动主轴正转。

手动移动机床各轴按钮 X Y Z + ∿ −：按下字母键和方向键，相应轴沿相应方向移动。

增量进给倍率选择按钮 X 1 X 10 X 100 X1000：选择移动机床轴时，每一步的距离：×1 为 0.001mm，×10 为 0.01mm，×100 为 0.1mm，×1000 为 1mm。置光标于按钮上，单击鼠标左键选择。

进给率（F）调节旋钮：调节程序运行中的进给速度，范围从 0～120%。置光标于旋钮上，按住鼠标左键转动。

主轴转速倍率调节旋钮：调节主轴转速，调节范围为 0～120%。

手脉：仿真软件中的隐藏模块，真实机床操作中为外接手轮。把光标置于手轮上，选择轴向，按鼠标左键，移动鼠标，手轮顺时针方向旋转，相应轴往正方向移动，手轮逆时针方向旋转，相应轴往负方向移动。

单步执行键：每按一次该键，程序启动执行一条程序指令。

程序跳段键：自动方式下按下此键，执行程序过程中跳过开头带有“/”符号的程序段。

程序停止键：自动方式下按下此键，遇有 M01 程序停止。

手动运行：按下此键，各轴可以手动移动。

切削液开关 COOL：按下此键，切削液开；再按一下，切削液关。

在刀库中选刀 TOOL：按下此键，刀库中选刀。

程序编辑锁定开关：置于“ ”位置，可编辑或修改程序。

程序重启动：由于刀具破损等原因自动停止后，程序可以从指定的程序段重新启动。

机床锁定开关：按下此键，机床各轴被锁住，只能程序运行。

M00 程序停止：程序运行中，M00 停止。

紧急停止旋钮：机床运行过程中出现紧急情况时，可按下该按钮；紧急情况解除后，可旋转旋钮弹起。

二、SIEMENS 数控系统

SIEMENS 802S 数控系统由数控系统操作面板、机床操作面板和 CRT 显示器组成。

1. 认识 SIEMENS 802S 数控系统操作面板

SIEMENS 802S 数控系统操作面板如图 1-14 所示。各键功能介绍如下：

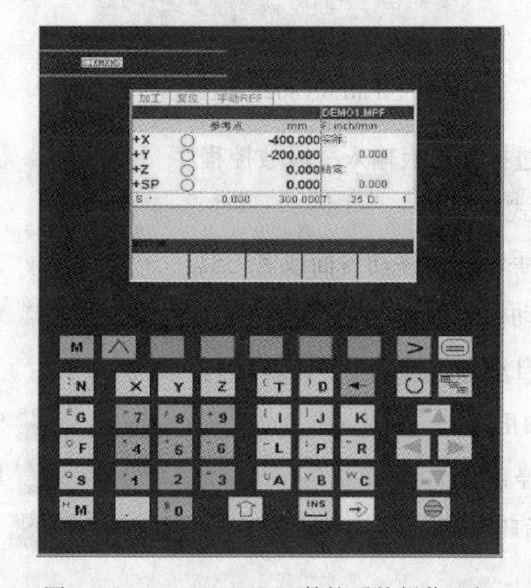

图 1-14 SIEMENS 802S 数控系统操作面板

软菜单键　　M 加工显示　　回车/输入键

返回键　　菜单扩展键　　INS 空格键（插入键）

区域转换键　　删除键（退格键）　　$0 +9 数字键上档键

光标向左键　　光标向右键　　选择/转换键

光标向上键　上档：向上翻页键　　光标向下键　上档：向下翻页键　　上档转换键

垂直菜单键　　报警应答键　　UA Z 字母键上档键转换对应字符

2. 认识 SIEMENS 802S 数控铣床操作面板

机床操作面板位于窗口的右下侧，如图 1-15 所示。机床操作面板主要用于控制机床运行状态，由模式选择键、程序运行控制开关等组成。各键功能介绍如下：

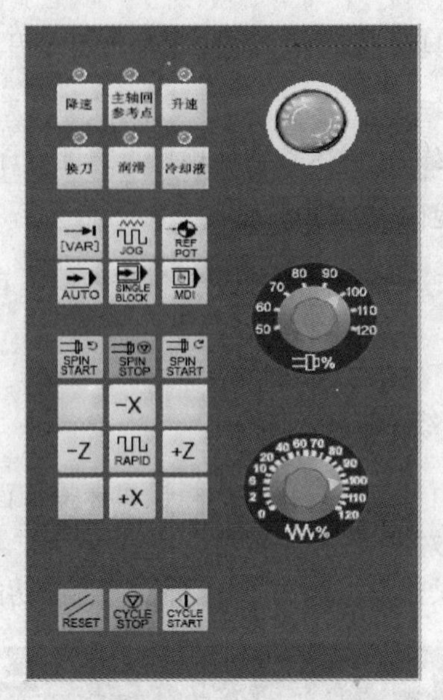

图1-15 SIEMENS 802S 数控铣床操作面板

MDI 用于直接通过操作面板输入一段数控程序

AUTO 进入自动循环模式

JOG 手动方式，手动连续移动台面或者刀具

REF 键，用于手动模式回参考点

[VAR] VAR 增量选择

SINGLE BLOCK 自动加工模式中，单步运行

SPIN START 主轴正转

SPIN START 主轴反转

SPIN STOP 主轴停止

RESET 复位键

CYCLE START 循环启动

CYCLE STOP 循环停止

RAPID 快速移动

方向键：选择要移动的轴

紧急停止旋钮

主轴速度旋钮

进给速度旋钮

三、华中数控 HNC

HNC 数控系统由数控系统操作面板、机床操作面板和 CRT 显示器组成。

1. 认识 HNC 数控系统机床操作面板

机床操作面板位于窗口的右下侧，如图 1-16 所示，主要用于控制机床的运动和选择机床运行状态，由方式选择键、数控程序运行控制键等组成。各键功能介绍如下：

（1）方式选择键

自动 按下该键，进入自动加工模式。

单段 按一下循环启动按键运行一程序段，执行完毕后机床运动轴减速停止，刀具、主轴

电动机停止运行；再按一下“循环启动”按键又执行下一程序段，执行完毕后又再次停止。

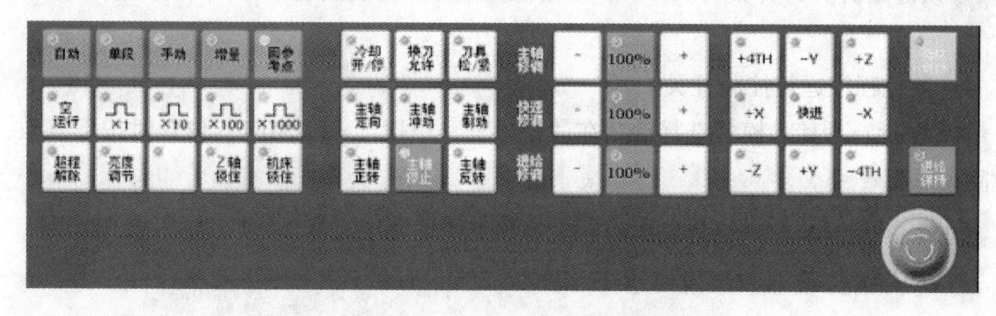

图 1-16　HNC-M 机床操作面板

手动 按下该键，进入手动方式，可手动连续移动台面或者刀具。

增量 增量进给。

回参考点 回参考点。

（2）主轴控制键

主轴定向 在手动方式下，当主轴制动无效时，指示灯灭，按一下该键，主轴立即执行主轴定向功能。定向完成后，按键内指示灯亮，主轴准确停止在某一固定位置。

主轴冲动 在手动方式下，当主轴制动无效时，指示灯灭，按一下该键，指示灯亮。主电动机以机床参数设定的转速和时间转动一定的角度。

主轴制动 在手动方式下，主轴处于停止状态时，按一下该键，指示灯亮，主电动机被锁定在当前位置。

主轴正转 按一下该键，指示灯亮，主电动机以机床参数设定的转速正转。

主轴停止 按一下该键，指示灯亮，主电动机停止运转。

主轴反转 按一下该键，指示灯亮，主电动机以机床参数设定的转速反转。

（3）增量倍率键

×1 ×10 ×100 ×1000 选择手动移动台面时每一步的距离。×1 为 0.001mm，×10 为 0.01mm，×100 为 0.1mm，×1000 为 1mm。置光标于旋钮上，单击鼠标左键即可选择。

（4）锁住键

Z轴锁住 禁止进刀。在手动运行开始前按一下该键，指示灯亮，再手动移动 Z 轴，Z 轴坐标位置信息变化，但 Z 轴不运动。

机床锁住 禁止机床所有运动。在自动运行开始前按一下该键（指示灯亮），再按循环启动键，系统继续执行程序，显示屏上的坐标轴位置信息变化，但不输出伺服轴的移动指令，所以机床停止不动，这个功能用于校验程序。

（5）刀具松紧键

换刀允许 在手动方式下，通过按压该键，使得允许刀具松/紧操作有效（指示灯亮）。

该键默认值为夹紧刀具。按一下该键，松开刀具；再按一下又为夹紧刀具，如此循环。

（6）数控程序运行控制开关

程序运行开始。模式选择旋钮在“自动”“单段”和“MDI”位置时按下有效，其余时间按下无效。

程序运行停止，在数控程序运行中，按下此按钮停止程序运行。

按下此键，各轴以固定的速度运动。

在伺服轴行程的两端各有一个极限开关，作用是防止伺服机构碰撞而损坏，每当伺服机构碰到行程极限开关时，就会发生超程。当某轴超程时（按键内指示灯亮），系统视其状况为紧急停止，要解除超程状态必须进行如下操作：

1）松开急停按钮，置工作方式为手动或手摇方式。

2）一直按压着超程解除键，控制器会暂时忽略超程的紧急情况。

3）在手动（手摇）方式下使该轴向相反方向运动。

4）松开超程解除键。

若显示器上运行状态栏运行正常取代了出错，表示恢复正常，可以继续操作。

该键默认值为切削液关。在手动方式下，按一下该键，切削液开，再按一下又为切削液关，如此循环。

主轴正转及反转的速度可通过主轴修调调节，按下主轴修调右侧的“100%”按键，指示灯亮，主轴修调倍率被置为100%，按一下“+”按键，主轴修调倍率递增5%，按一下“-”按键，主轴修调倍率递减5%。采用机械齿轮换档时，主轴速度不能修调。

快速修调对应各键用于调节当前快进倍率。

进给修调对应各键用于调节当前进给速度，按下“+”按键或“-”按键，修调倍率递增或递减2%，其他同主轴修调。

手动移动机床主轴键。

机床运行过程中，在危险或紧急情况下按下急停按钮，计算机数控系统（Computer Numerical Contrd，CNC）即进入急停状态。伺服进给及主轴运转立即停止工作（控制柜内的进给驱动电源被切断）。松开急停按钮，左旋此按钮，自动弹起，CNC进入复位状态。

2. 认识HNC系统操作面板

在“视图”下拉菜单或者浮动菜单中选择“控制面板切换”后，数控系统操作键盘会出现在视窗的右上角，其左侧为数控系统显示屏，如图1-17所示。用操作面板上的键结合显示屏可以进行数控系统操作。

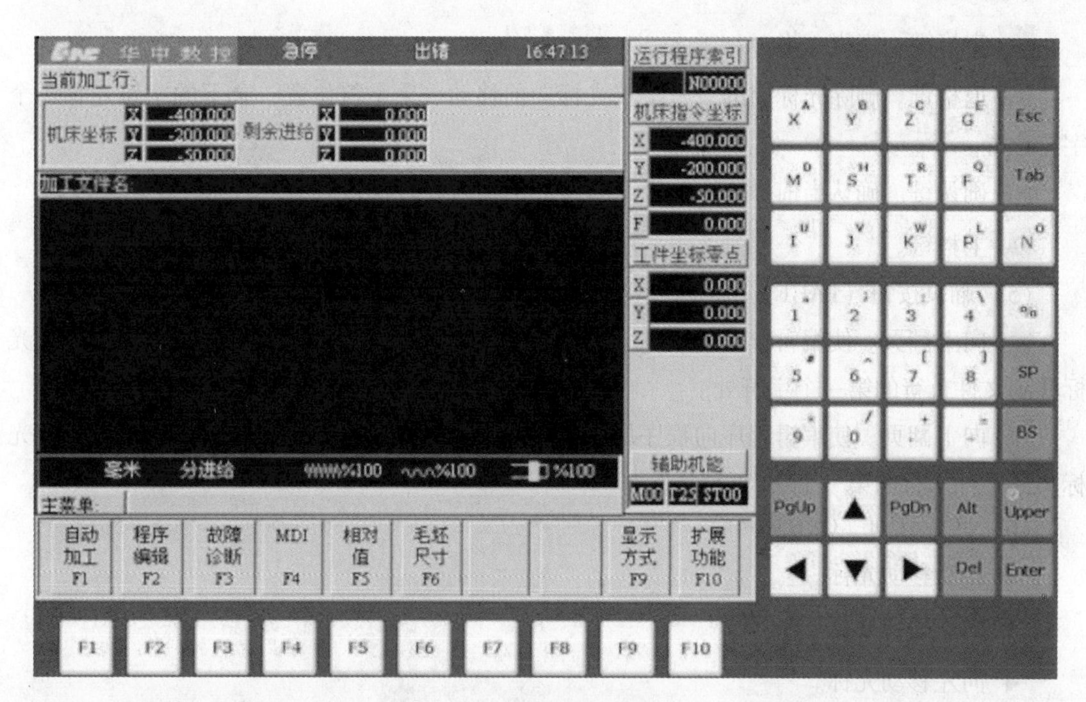

图 1-17　HNC-M 系统操作面板

（1）功能键　功能键 F1 ~ F10 对应功能如图 1-17 所示。

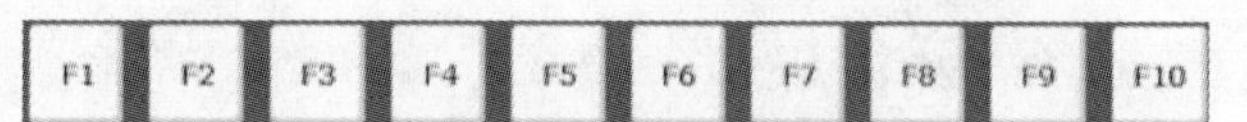

（2）数字键　数字键用于输入数字到输入区域。

（3）字母键　字母键用于输入字母到输入区域。

（4）编辑键

Alt 替代键。用输入的数据替代光标所在的数据。

Del 删除键。删除光标所在的数据，或者删除一个数控程序，或者删除全部数控程序。

Esc 取消键。取消当前操作。

Tab 跳档键。

SP 空格键。空出一格。

BS 退格键。删除光标前的一个字符光标向前移动一个字符位置，余下的字符左移一个字符位置。

Enter 确认键。确认当前操作；结束一行程序的输入并且换行。

Upper 上档键。

（5）翻页按钮（PAGE）

PgUp 向上翻页。使编辑程序向程序头滚动一屏，光标位置不变。如果到了程序头，则光标移到文件首行的第一个字符处。

PgDn 向下翻页。使编辑程序向程序尾滚动一屏，光标位置不变。如果到了程序尾，则光标移到文件末行的第一个字符处。

（6）光标移动（CURSOR）

▲ 向上移动光标。

▼ 向下移动光标。

◀ 向左移动光标。

▶ 向右移动光标。

任务三　数控铣床（加工中心）编程基础

【任务目标】

一、任务描述

数控系统是数控机床的核心，它由程序的输入/输出装置、数控装置等组成，能完成信息的输入、存储、变换、插补运算，以及实现各种程序规定的功能。掌握编程基础知识是学习数控加工的关键，在本任务中，学生主要学习数控铣床（加工中心）编程基础。

二、学习目标

1）学习数控编程的基本概念。

2）学习数控铣床（加工中心）的各类坐标系及其特点。

3）初步掌握 FANUC 数控系统、SIEMENS 数控系统中常用编程指令的含义、格式。

三、技能目标

1）掌握机床回参考点操作方法。

2）掌握数控铣床试切法对刀。

3）掌握数控程序的输入、编辑及调用方法。

【知识链接】

一、数控编程的概念

在数控机床上加工零件，首先要进行程序编制，即将零件的加工顺序、工件与刀具相对运动轨迹的尺寸数据、工艺参数（主运动和进给运动速度、切削深度等）以及辅助操作等加工信息，用规定的文字、数字、符号组成的代码，按一定的格式编写成加工程序单，然后将程序单的信息通过控制介质输入到数控装置，由数控装置控制机床进行自动加工。从零件图样到编制零件加工程序和制作控制介质的全部过程称为数控程序编制。

二、数控编程的方法

数控机床程序编制方法可分为手工编程和自动编程两种。

1. 手工编程

手工编程是指各个步骤均由手工编制，即从零件图分析、工艺处理、数据计算、编写程序单、输入程序到程序检验等各步骤主要由人工完成。对于形状简单的零件，计算比较简单，程序不多，采用手工编程较容易完成，而且经济、及时，因此在简单的点定位加工及由直线与圆弧组成的轮廓加工中，手工编程仍广泛应用。但对于几何形状复杂的零件，特别是具有列表曲线、非圆曲线及曲面的零件（如叶片、复杂模具），或者表面的几何元素并不复杂而程序量很大的零件（如复杂的箱体），手工编程就有一定的困难，出错的概率增大，有时甚至无法编制出程序，因此必须采用自动编程方法。

2. 自动编程

自动编程是指编程人员只需根据零件图样的要求，按照某个自动编程系统的规定，编写一个零件源程序，输入编程计算机，再由计算机自动进行程序编制，并打印程序清单和制备控制介质。自动编程既可以减轻编程人员劳动强度，缩短编程时间，又可以减少差错，使编程工作简便。

目前，实际生产中应用较广泛的自动编程系统有数控语言编程系统和图形编程系统。数控语言编程系统如美国的自动化编程工具（Automatically Programmed Tools，APT），它是一种发展最早、容量最大、功能全面又成熟的数控编程工具，能用于点位、连续控制系统以及2～5坐标数控机床，可以加工极为复杂的空间曲面。图形编程系统是利用图形输入装置直接向计算机输入零件的图形，无须再对图形信息进行转换，大大减少了人为错误，比语言编程系统具有更多的优越性和广泛的适应性，提高了编程的效率和质量。另外，由于CAD（Computer Aided Design）的结果是图形，故可利用CAD系统的信息生成NC（Numerical Control）程序单。所以，图形编程系统能够实现CAD/CAM（Computer Aided Manufacturing）的集成化。正因为图形编程系统有这些优点，现在乃至将来一段时间内，它是自动编程的发展方向，必将在自动编程方面占主导地位。目前，生产实际中应用较多的商品化的CAD/CAM系统主要有国外引进的Unigraphics Ⅱ、Creo、CATIA、Solidworks、Mastercam、SDRC/IDEAS、DELCAM等，技术较为成熟的国产CAD/CAM系统是北航海尔的CAXA。在机械制造方面，CAD/CAM系统的内容一般包含二维绘图，三维线架，曲面、实体建模，真实感显示，特征设计，有限元前置与后置处理，运动机构造型，几何特性计算，数控加工和测量编程，工艺过程设计，装配设计，钣金件展引和排样，加工尺寸精度控制，过程仿真和干涉检查，工程数据管理等。此外还可对产品模型进行计算机辅助分析，包括运动学及动力学（Kinematics & Dynamics）分析与仿真、有限元分析（Finite Element Analysis，FEA）与仿真、优化设计（OPTimization），又称为计算机辅助工程（Computer Aided Engineering，CAE）。

综上所述，对于几何形状不太复杂的零件或点位加工，所需的加工程序不多，计算也较简单，出错的机会较少，这时用手工编程还是经济省时的，因此至今仍广泛地应用手工编程方法来编制这类零件的加工程序。但是对于复杂曲面零件，或者几何元素并不复杂但程序量很大的零件（如一个零件上有数千个孔），以及铣削轮廓时数控装置不具备刀具半径自动补偿功能而只能按刀具中心轨迹进行编程等情况，由于计算相当烦琐及程序量大，手工编程就很难胜任，即使能够编制出程序，也耗时长，效率低，易出错。据统计，用手工编程时，一个零件的编程时间与在机床上实际加工时间之比，平均约为 30∶1。数控机床不能开动的原因中有 20% ~30% 是加工程序不能及时编制出来，因此必须要求编程自动化。

三、数控机床编程的步骤

数控机床编程的步骤是：分析零件图，确定加工工艺，数值计算，编写程序单，输入数控系统，程序校验和首件试切等，如图 1-18 所示。

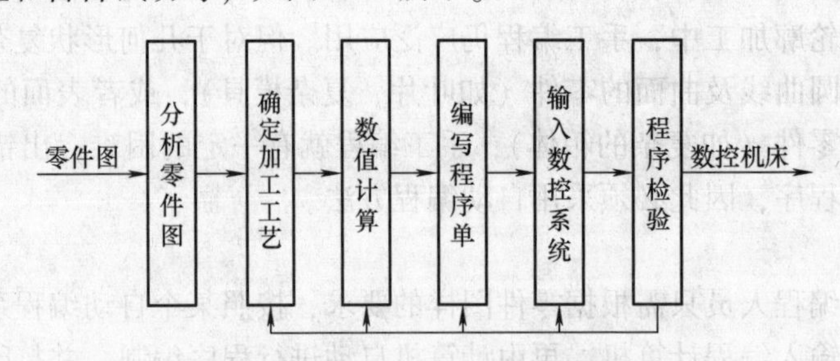

图 1-18　数控机床编程的步骤

1. 分析零件图

编程前首先要对零件图样进行仔细分析，即分析零件材料、结构形状、尺寸大小、加工精度、表面质量及热处理等内容，以明确加工内容及要求，确定零件在数控机床上进行加工的可行性。

2. 工艺处理

分析零件图样后，要确定合理的加工方案、选择合适的机床、夹具、刀具，确定合理的走刀路线及选择合理的切削用量等，确定适合数控机床的加工工艺，是提高数控加工技术经济效果的首要因素。制订数控加工工艺除需考虑一般工艺原则外，还应考虑：充分发挥所有数控机床的指令功能；正确选择对刀点；尽量缩短加工路线，减少空行程时间和换刀次数；尽量使数值计算方便，所用程序段少等。

3. 数值计算

数值计算是指根据加工路线计算刀具中心的运动轨迹。对于带有刀补功能的数控系统，只需计算出零件轮廓相邻几何元素的交点（或切点）的坐标值，得出各几何元素的起点、终点和圆弧的圆心坐标。如果数控系统无刀补功能，还应计算刀具中心的运动轨迹。对于形状比较复杂的零件（如非圆曲线、曲面组成的零件），需要用直线段或圆弧段逼近，计算出逼近线段的交点坐标值，并将其限制在允许的误差范围以内。这种情况一般要用计算机来完成数值计算工作。

4. 编写程序单

在完成工艺处理和数值计算工作后，即可编写零件加工程序。编程人员根据所使用数控系统的指令、程序段格式，逐段编写零件加工程序。编程人员应对数控机床的性能、程序指令代码以及数控机床加工零件的过程等非常熟悉，这样才能编写出正确的零件加工程序。

5. 输入数控系统

程序编写好之后，可通过键盘等直接将程序输入数控系统，也可通过磁盘驱动器或RS232 接口输入数控系统。比较老一些的数控系统需要制作穿孔纸带、磁带等控制介质，再将控制介质上的程序输入数控系统，目前穿孔纸带已被淘汰。

6. 程序校验和首件试切

程序输入数控系统后，通常需要经过试运行和试加工两步检查后，才能进行正式加工。通过试运行校对检查数控程序，也可利用数控机床的空运行功能进行检验，检查机床的动作和运动轨迹的正确性。对带有刀具轨迹动态模拟显示功能的数控机床，可进行数控模拟加工，以检查刀具轨迹是否正确。通过试加工可以检查数控加工工艺及有关切削参数设定得是否合理，加工精度能否满足零件图要求，加工工效如何，以便进一步改进，直到加工出满意的零件为止。

四、字符与代码

1. 字符与代码的含义

字符（Character）是用来组织、控制或表示数据的一些符号，如数字、字母、标点符号、数学运算符等，它是加工程序的最小组成单位。常规加工程序用的字符有 4 类。第一类是字母，它由 26 个大写字母组成。第二类是数字和小数点，它由 0 ~ 9 共 10 个数字及一个小数点组成。第三类是符号，由正号“+”和负号“-”组成。第四类是功能字符，它由程序开始（结束）符“%”、程序段结束符“;”、跳过任选程序段符“/”等组成。

代码由字符组成，数控机床功能代码的标准有美国电子工业协会（EIA）制定的 EIA RS244 和国际标准化组织（ISO）制定的 ISORS840 两种标准。国际上大都采用 ISO 代码。

2. 数控机床功能代码

数控机床功能代码主要包括准备功能代码和辅助功能代码。

准备功能（G 功能）是使数控机床建立起某种加工方式的指令，如插补、刀具补偿、固定循环等。G 功能代码由地址符 G 和后面的两位数字组成。

辅助功能（M 功能）用于指定主轴的旋转方向、起动、停止，切削液的开关，工件或刀具的夹紧和松开，刀具的更换等功能。M 功能代码由地址符 M 和后面的两位数字组成。

不同数控系统的 G 功能代码、M 功能代码及其功能略有不同，详见后面内容。

五、数控机床的坐标系

统一规定数控机床坐标轴及其运动方向，是为了准确地描述机床的运动，简化程序编制方法，使所编程序具有互换性。目前，ISO 已经统一了标准坐标系。我国也制定了 GB/T19660—2005《工业自动化系统与集成　机床数值控制坐标和运动命名》。

1. 数控铣床坐标系建立的原则

1）刀具相对于静止的工件运动的原则。

2）标准坐标系是一个右手直角坐标系。如图 1-19 所示，大拇指的方向为 *X* 轴的正方向，食指为 *Y* 轴的正方向，中指为 *Z* 轴正方向。直角坐标系 *X*、*Y*、*Z* 三者的关系及其方向用右手定则判定；围绕 *X*、*Y*、*Z* 各轴回转的运动及其正方向 +*A*、+*B*、+*C* 分别用右手螺旋定则确定。

通常在坐标轴命名或编程时，不论机床在加工中是刀具移动，还是工件移动，都一律假定工件相对静止不动，而刀具在移动，即刀具相对运动的原则，并同时规定刀具远离工件的方向为坐标轴的正方向。

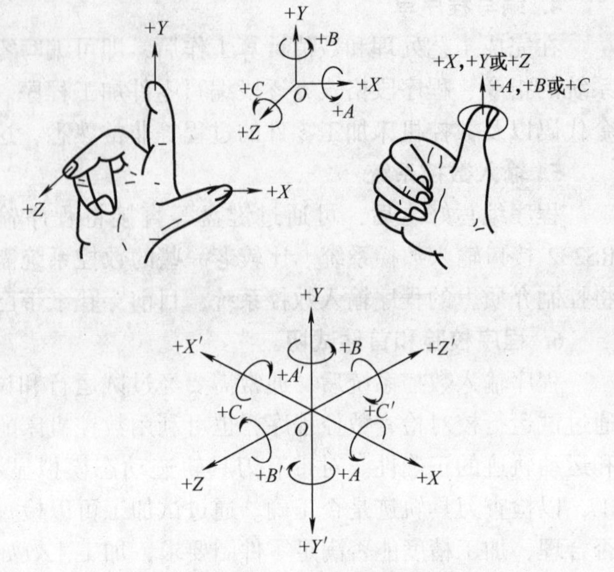

图 1-19　右手直角坐标系

2. 机床坐标轴的确定

确定机床坐标轴时，一般是先确定 *Z* 轴，然后再确定 *X* 轴和 *Y* 轴。

（1）*Z* 轴的确定　*Z* 轴的方向是由传递切削力的主轴确定的，标准规定：与主要主轴平行的坐标轴为 *Z* 轴，并且刀具远离工件的方向为 *Z* 轴的正方向。对于没有主轴的机床，如牛头刨床等，则以与装夹工件的工作台面相垂直的轴线作为 *Z* 轴。如果机床有几个主轴，则选择其中一个垂直于工件装夹面的主轴作为主要主轴，如龙门铣床。

（2）*X* 轴的确定　平行于导轨面，且垂直于 *Z* 轴的坐标轴为 *X* 轴。*X* 坐标是在刀具或工件定位平面内运动的主要坐标。对于工件旋转的机床（如车床、磨床等），*X* 轴的方向是在工件的径向上，且平行于横滑板导轨面，刀具远离工件旋转中心的方向为 *X* 轴正方向，如图 1-20 所示。对于刀具旋转的机床（如铣床、镗床、钻床等），如果 *Z* 轴是垂直的，则面对主轴看立柱时，右手所指的水平方向为 *X* 轴的正方向，如图 1-21 所示。如果 *Z* 轴是水平的，则面对主轴看立柱时，左手所指的水平方向为 *X* 轴的正方向，如图 1-22 所示。

（3）*Y* 轴的确定　*Y* 轴垂直于 *X*、*Z* 轴。*Y* 轴的正方向根据 *X* 坐标和 *Z* 坐标的正方向，按照右手直角坐标系来判断。

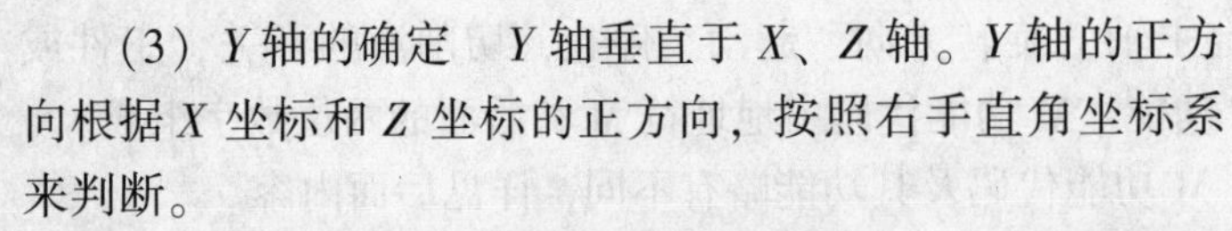

（4）旋转运动的确定　围绕坐标轴 *X*、*Y*、*Z* 旋转的运动，分别用 *A*、*B*、*C* 表示。它们的正方向用右手螺旋定则判定，如图 1-19 所示。

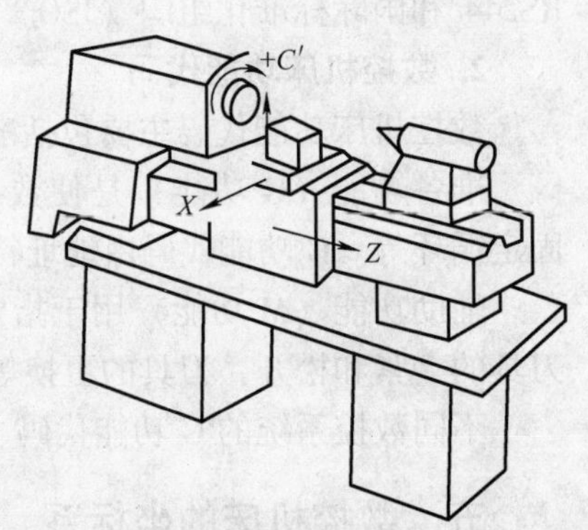

图 1-20　龙门刨床

（5）附加轴的确定　如果在 *X*、*Y*、*Z* 主要坐标以外，还有平行于它们的坐标，可分别指定为 *P*、*Q* 和 *R*。

（6）工件运动时的方向确定　对于工件运动而不是刀具运动的机床，必须将前述刀具运动规定做相反的安排。用带“′”的字母，如“+*Y*′”，表示工件相对于刀具正向运动指令。而不带“′”的字母，如“+*Y*”，则表示刀具相对于工件负向运动指令。二者表示的运动方向正好相反。编程人员只考虑不带“′”的运动方向。

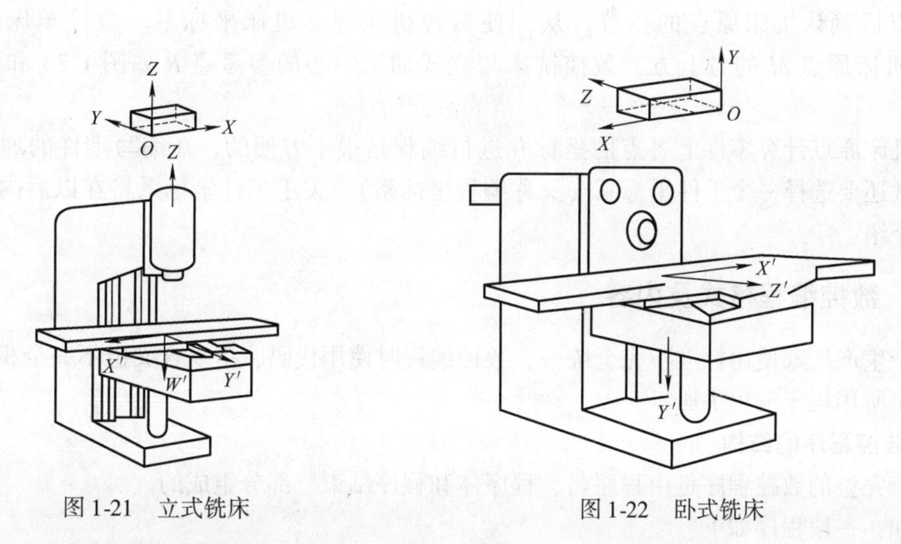

图 1-21　立式铣床　　　　图 1-22　卧式铣床

3. 数控机床坐标系的原点与参考点

数控机床坐标系是机床的基本坐标系，机床坐标系的原点也称机械原点或机械零点（*M*），这个原点是机床固有的点，由生产厂家确定，不能随意改变，它是其他坐标系和机床内部参考点的出发点。不同数控机床其机床坐标系的原点也不同，因生产厂家而异。例如，有的数控铣床的机床原点位于机床的左前上方，如图 1-23 所示 *M* 点；立式加工中心的机床原点一般在机床最大加工范围平面的左前角，如图 1-24 所示 *M* 点。

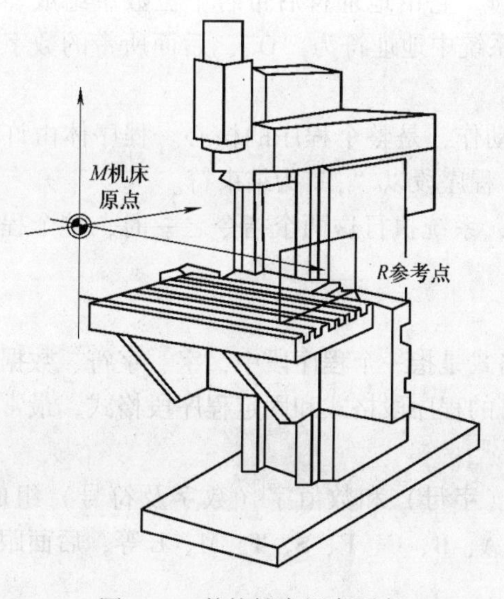

图 1-23　数控铣床机床原点

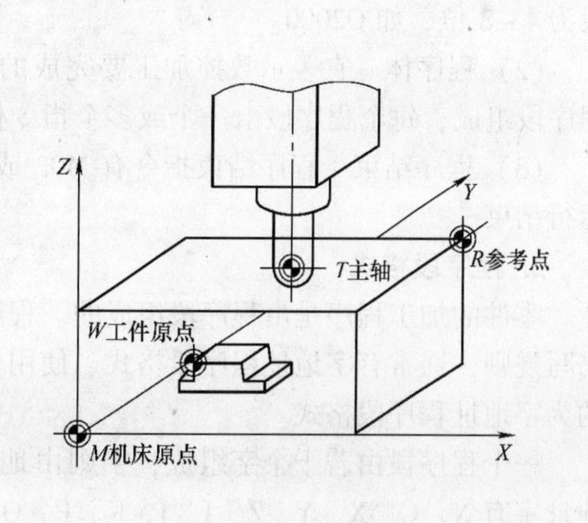

图 1-24　立式加工中心机床原点

数控机床参考点 R 也称基准点，是大多数具有增量位置测量系统的数控机床所必须具有的。它是数控机床工作区确定的一个点，与机床原点有确定的尺寸联系。参考点在各轴以硬件方式用固定的凸块和限位开关实现。机床每次通电后，移动件（刀架或工作台）都要进行返回参考点的操作，数控装置通过移动件（刀架或工作台）返回参考点后确认机床原点的位置，从而使数控机床建立机床坐标系。数控车床的参考点 R 在机床原点 M 的右上方，数控铣床与立式加工中心的参考点 R 如图 1-23 和图 1-24 所示。

用机床原点计算零件上各点的坐标并进行编程是很不方便的，在编写零件的加工程序时，常常还要选择一个工件坐标系（又称编程坐标系）。关于工件坐标系将在以后内容中进行详细介绍。

六、数控编程格式及内容

由于生产厂家使用标准不完全统一，数控编程时使用代码、指令含义也不完全相同，因此需参照所用机床编程手册。

1. 数控程序的结构

一个完整的数控程序是由程序名、程序体和程序结束三部分组成的。

例如，一段程序如下：

```
O0029;                                   程序名
N10 G15 G17 G21 G40 G49 G80;  ⎫
N20 G91 G28 Z0;               ⎬程序体
N30 T01 M06;                  ⎪
N40 G90 G54 S500 M03;         ⎭
…
N100 M30;                                程序结束
```

（1）程序名　程序名是一个程序必需的标识符。它由地址符后带若干位数字组成。常见的地址符有“%”“O”“P”等。日本 FANUC 系统中地址符为“O”，后面所带的数字一般为 4～8 位，如 O2000。

（2）程序体　它表示数控加工要完成的全部动作，是整个程序的核心。程序体由许多程序段组成，每个程序段由一个或多个指令构成，程序段以“；”为结束符。

（3）程序结束　程序结束指令有 M02 或 M30，系统执行这两个指令之一时，整个程序运行结束。

2. 程序段格式

零件的加工程序是由程序段组成的。程序段格式是指一个程序段中，字、字符、数据的书写规则，通常有字地址程序段格式、使用分隔符的程序段格式和固定程序段格式，最常用的为字地址程序段格式。

一个程序段由若干个字组成，字则由地址字（字母）和数值字（数字及符号）组成。地址字有 N、G、X、Y、Z、I、J、K、P、Q、R、A、B、C、F、S、T、M、L 等，后面跟相应的数值字。

表示地址的英文字母的含义见表 1-1。

表 1-1 表示地址的英文字母的含义

地 址	功 能	含 义	地 址	功 能	含 义
A	坐标字	绕 X 轴旋转	N	顺序号	程序段顺序号
B	坐标字	绕 Y 轴旋转	O	程序号	程序号、子程序的指定
C	坐标字	绕 Z 轴旋转	P		暂停时间或程序中某功能的开始使用的顺序号
D	刀具半径补偿号	刀具半径补偿指令	Q		固定循环终止段号或固定循环中的定距
E		第二进给功能	R	坐标字	固定循环定距离或圆弧半径的指定
F	进给速度	进给速度指令	S	主轴功能	主轴转速的指令
G	准备功能	动作方式指令	T	刀具功能	刀具编号的指令
H	刀具长度补偿号	刀具长度补偿指令	U	坐标字	与 X 轴平行的附加轴增量坐标值
I	坐标字	圆弧中心相对于起点的 X 轴向坐标	V	坐标字	与 Y 轴平行的附加轴增量坐标值
J	坐标字	圆弧中心相对于起点的 Y 轴向坐标	W	坐标字	与 Z 轴平行的附加轴增量坐标值
K	坐标字	圆弧中心相对于起点的 Z 轴向坐标	X	坐标字	X 轴的绝对坐标值或暂停时间
L	重复次数	固定循环及子程序重复次数	Y	坐标字	Y 轴的绝对坐标值
M	辅助功能	机床开/关指令	Z	坐标字	Z 轴的绝对坐标值

3. 数控铣床的编程特点

数控铣床的编程特点主要有以下几点：

1）铣削是机械加工中最常用的方法之一，它包括平面铣削和轮廓铣削。数控铣床可以加工复杂的和手工难加工的零件，把一些用普通机床加工的零件用数控机床加工，可以提高加工效率。由于数控铣床功能各异，规格繁多，编程时要考虑如何最大限度地发挥其特点。二坐标联动数控铣床用于加工平面零件轮廓；三坐标以上的数控铣床用于较大的复杂零件的立体轮廓加工。

2）数控铣床的数控装置具有多种插补功能。一般都具有直线插补和圆弧插补功能，有的数控铣床还具有极坐标插补、抛物线插补、螺旋线插补等多种插补功能。编程时要充分、合理地选择这些功能，提高编程和加工的效率。

3）编程时要充分熟悉机床的所有性能和功能，如刀具长度补偿、刀具半径补偿、固定循环、镜像、旋转等功能。

4）直线、圆弧组成的平面轮廓铣削的数学处理比较简单。非圆曲线、空间曲线和曲面的轮廓铣削的数学处理比较复杂，一般要采用计算机辅助计算和自动编程。

5）数控铣床与数控车床的编程功能相似，其编程功能指令也分 G 功能和 M 功能两大类，本任务以 SIEMENS 802S 数控系统为例介绍数控铣床的基本编程功能指令。

七、铣床数控系统的功能和指令代码

数控铣床常用的功能指令有准备功能 G、辅助功能 M、刀具功能 T、主轴转速功能 S 和进给功能 F。

（一）G 功能

表 1-2～表 1-4 是三种常见的典型数控铣削系统的 G 功能代码。

表 1-2　FANUC 0i 系统常用 G 功能

代　码	功　能	组别	代　码	功　能	组别
★G00	快速定位	01	G52	局部坐标系统	00
G01	直线插补		★G54	选择第 1 工件坐标系	12
G02	顺时针方向圆弧插补		G55	选择第 2 工件坐标系	
G03	逆时针方向圆弧插补		G56	选择第 3 工件坐标系	
G04	暂停	00	G57	选择第 4 工件坐标系	
G09	准停检验		G58	选择第 5 工件坐标系	
G10	自动程序原点补正，刀具补正设置		G59	选择第 6 工件坐标系	
★G17	*XY* 平面选择	02	G73	高速深孔啄钻循环	09
G18	*ZX* 平面选择		G74	攻左螺纹循环	
G19	*YZ* 平面选择		G76	精镗孔循环	
G20	英制单位输入选择	06	★G80	取消固定循环	
G21	米制单位输入选择		G81	钻孔循环	
★G27	参考点返回检查	00	G82	沉头钻孔循环	
G28	返回参考点		G83	深孔啄钻循环	
G29	由参考点返回		G84	攻右螺纹循环	
G30	返回第 2、3、4 参考点		G85	铰孔循环	
G33	螺纹切削	01	G86	背镗循环	
★G40	取消刀具半径补偿	07	★G90	绝对坐标编程	03
G41	刀具半径左补偿		G91	增量坐标编程	
G42	刀具半径右补偿		G92	定义编程原点	00
G43	刀具长度正补偿	08	★G94	每分钟进给量	05
G44	刀具长度负补偿		★G98	在固定循环中使 *Z* 轴返回起始点	10
★G49	取消刀具长度补偿		G99	在固定循环中使 *Z* 轴返回参考点	

注：1. 标有★的 G 代码为电源接通时的状态。

2. 00 组的 G 代码为非续效代码，其余为续效代码。

3. 如果同组的 G 代码出现在同一程序段中，则最后一个 G 代码有效。

4. 在固定循环中（09 组），如果遇到 01 组的 G 代码，固定循环被自动取消。

表 1-3　华中世纪星 HNC-21M 系统常用 G 功能

代　码	功　能	组别	代　码	功　能	组别
★G00	快速定位	01	G56	选择第 3 工件坐标	11
G01	直线插补		G57	选择第 4 工件坐标	
G02	顺时针方向圆弧插补		G58	选择第 5 工件坐标	
G03	逆时针方向圆弧插补		G59	选择第 6 工件坐标	
G04	暂停	00	G60	单方向定位	00
G09	准停校验		★G61	准停校验方式	12
G07	虚轴指定	16	G64	连续方式	
★G17	*XY* 平面选择	02	G65	子程序调用	00
G18	*ZX* 平面选择		★G68	旋转变换	05
G19	*YZ* 平面选择		G69	旋转取消	
G20	英寸输入	08	G73	深孔钻削循环	06
★G21	毫米输入		G74	逆攻螺纹循环	
G22	脉冲当量		G76	精镗循环	
G24	镜像开	03	★G80	固定循环取消	
★G25	镜像关		G81	定心钻循环	
G28	返回参考点	00	G82	钻孔循环	
G29	由参考点返回		G83	深孔钻循环	
G33	螺纹切削	01	G84	攻螺纹循环	
★G40	刀具半径补偿取消	09	G85	镗孔循环	
G41	刀具半径左补偿		G86	镗孔循环	
G42	刀具半径右补偿		G87	反镗循环	
G43	刀具长度正向补偿	10	G88	镗孔循环	
G44	刀具长度负向补偿		G89	镗孔循环	
★G49	取消刀具长度补偿		★G90	绝对值编程	13
★G50	缩放关	04	G91	增量值编程	
G51	缩放开		G92	工件坐标系设定	11
G52	局部坐标系设定	00	★G94	每分钟进给量	14
G53	直接机床坐标系编程		G95	每转进给量	
★G54	选择第 1 工件坐标系	11	G98	在固定循环中使 *Z* 轴返回起始点	15
G55	选择第 2 工件坐标系		★G99	在固定循环中使 *Z* 轴返回参考点	

注：1. 标有★的 G 代码为电源接通时的状态。
2. 00 组的 G 代码为非续效代码，其余为续效代码。

表 1-4　SINUMERIK 802S 系统常用准备功能 G 代码

码	组别	功　能	格　式
G00	01	快速点定位	G00 X _ Y _ Z _
G01		直线插补	G01 X _ Y _ Z _ F _
G02		顺时针方向圆弧插补（CW）	G02 X _ Y _ Z _ I _ J _ K _ （R _） F _
G03		逆时针方向圆弧插补（CCW）	G03 X _ Y _ Z _ I _ J _ K _ （R _） F _
G02		顺时针方向螺旋插补指令	G02 X _ Y _ Z _ I _ J _ K _ （R _） F _ TURN = _
G03		逆时针方向螺旋插补指令	G03 X _ Y _ Z _ I _ J _ K _ （R _） F _ TURN = _

（续）

码	组别	功　　能	格　　式
G04 *	02	暂停	G04
G09 *	11	准停	G09
G17	6	选择 *XY* 平面	G17
G18		选择 *ZX* 平面	G18
G19		选择 *YZ* 平面	G19
G25	3	工作区下限	G25 S _
G26		工作区上限	G26 S _
G33	1	恒螺距螺纹切削	G33 Z _ K _ SF = _
G40	7	取消刀具半径补偿	G40 G00（G01）X _ Y _（F _）
G41		刀具半径左补偿	G41 G00（G01）X _ Y _（F _）
G42		刀具半径右补偿	G42 G00（G01）X _ Y _（F _）
G53	09	选择机床坐标系	G53
G54	08	选择第一工件坐标系	G54
G55		选择第二工件坐标系	G55
G56		选择第三工件坐标系	G56
G57	08	选择第四工件坐标系	G57
G58		选择第五工件坐标系	G58
G59		选择第六工件坐标系	G59
G60	10	准停—减速	G60
G63 *	02	带辅助夹具的螺纹切削	G63
G64	10	准停—连续路径方式	G64
G70	13	英制输入	G70
G71		米制输入	G71
G74 *	02	返回参考点	G74 X _ Y _ Z _
G75 *		返回固定点	G75 X _ Y _ Z _
G90	114	绝对方式	G90
G91		增量方式	G91
G94	15	直线进给量	G94
G95	14	圆周进给量	G95
G96	15	设定恒线速切削	G96 S _
G97		取消恒线速切削	G97 S _
G110 *	03	极坐标极点定义指令（最新设置位置）	G110 X _ Y _ Z _ G110 AP = _ RP = _
G111 *		极坐标极点定义指令（工件坐标系）	G111 X _ Y _ Z _ G111 AP = _ RP = _
G112 *		极坐标极点定义指令（最后有效的极点）	G112 X _ Y _ Z _ G112 AP = _ RP = _
G331	01	攻螺纹循环	G331 Z _ K _ S _
G332		攻螺纹循环	G332 Z _ K _

注：带 * 的为非模态指令。

（二）M 功能

数控铣床的 M 功能与数控车床基本相同，表 1-5 为数控铣床的常用 M 代码（FANUC 0i 系统）。

通常 M 功能除某些有通用性的标准码外（如 M03、M05、M08、M09、M30 等），也可由制造厂商依其机械的动作要求，设计出不同的 M 指令，以控制不同的开/关动作，或预留 I/O（输入/输出）接点，用户可自行连接其他外围设备。

在同一程序段中若有两个 M 代码出现，虽其动作不相冲突，但以排列在最后面的 M 代码为有效，前面的 M 代码被忽略而不执行。

一般数控机床 M 代码的前导零可省略，如 M01 可用 M1 表示，M03 可用 M3 来表示，余者类推，这样可节省内存空间及键入的字数。

表 1-5 FANUC 0i 系统常用 M 代码

代码	功能		代码	功能	
M00	程序停止	A	M07	切削液开（雾状）	W
M01	选择性停止	A	M08	切削液开	W
M02	程序结束	A	M09	切削液关	A
M03	主轴正转	W	M19	主轴准停	A
M04	主轴反转	W	M30	程序结束并返回	A
M05	主轴停止	A	M98	调用子程序	A
M06	自动换刀	W	M99	子程序结束，并返回主程序	A

注意：M 代码分为前指令码（表中标 W）和后指令码（表中标 A），前指令码和同一程序段中的移动指令同时执行，后指令码在同段的移动指令执行完后才执行。例如如下程序，注意 M 代码执行的时间：

G00…	M03；	在快速定位的同时主轴正转
G01…	M08；	切削液开，刀具靠近工件准备加工
M98 P__；		调用 P 指定的子程序执行
G01…	M09；	刀具离开工件，切削液关
G00…	M05；	刀具快速移动后主轴停
M06；		换刀，此处为单独 M 指令直接执行
M30	M02；	程序结束，此处执行 M02 指令

（三）F、S、T 功能

1. F 功能

F 功能用于控制刀具移动时的进给速度，F 后面所接数值代表每分钟刀具进给量（mm/min），它为续效代码。

F 代码指令值如超过制造厂商所设定的范围，则以厂商所设定的最高或最低进给速度为实际进给速度。

进给速度 v_f 的值为

$$v_f = f_z z n$$

式中 f_z——铣刀每齿的进给量（mm/齿）；

z——铣刀齿数；

n——刀具的转速（r/min）。

【例 1-1】 使用 ϕ75mm、6 齿的面铣刀铣削碳钢表面，已知切削速度 $v_c = 100\text{m/min}$。$f_z = 0.08\text{mm/齿}$，求主轴转速 n 及 v_f。

解
$$n = \frac{1000v_c}{\pi D} = \frac{1000 \times 100}{3.14 \times 75}\text{r/min} = 425\text{r/min}$$

$$v_z = f_z z n = 0.08 \times 6 \times 425\text{r/min} = 204\text{mm/min}$$

2. S 功能

S 功能用于指令主轴转速（r/min）。S 代码以地址字 S 后面接 1～4 位数字组成。如果 S 指令的数字大于或小于制造厂商所设定的最高或最低转速，将以厂商所设定的最高或最低转速为实际转速。一般数控铣床的主轴转速为 0～6000r/min。

3. T 功能

数控铣床因无自动换刀系统，必须用人工换刀，所以自动换刀 T 功能只用于加工中心。T 代码以地址字 T 后面接两位数字组成。

（四）常用 G 功能

1. 绝对坐标编程指令 G90

格式：G90；

说明：该指令表示程序段中的运动坐标数字为绝对坐标值，即从编程原点开始的坐标值。

2. 增量坐标编程指令 G91

格式：G91；

说明：该指令表示程序段中的运动坐标数字为增量坐标值，即刀具运动的终点相对于起点坐标值的增量。

3. 加工平面选择指令 G17/G18/G19

格式：G17/G18/G19；

说明：G17 指定刀具在 *XY* 平面上运动；G18 指定刀具在 *ZX* 平面上运动；G19 指定刀具在 *YZ* 平面上运动。由于数控铣床大都在 *XY* 平面内加工，故 G17 为机床的默认状态，可省略。

4. 快速定位指令 G00

G00 指令控制刀具从当前所在位置快速移动到指令给出的目标点位置，它只能用于快速定位，不能用于切削加工。

格式：G00 X_ Y_ Z_；

说明：X、Y、Z 表示目标点坐标。G00 可以同时指令一轴、两轴或三轴移动，如图 1-25 所示。

如图 1-26 所示，刀具从原点 O 快速移动到 P_1、P_2、P_3 点，可分别用增量坐标（G91）或绝对坐标（G90）编程。

用 G91 编程如下：

G00 X40.0 Y60.0；　　　　$O \to P_1$

X40.0 Y-20.0；　　　　$P_1 \to P_2$

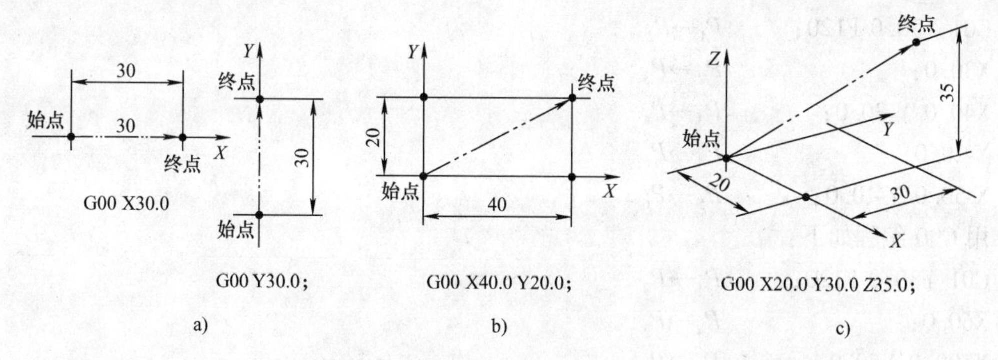

图 1-25　G00 指令

a）一轴移动　b）二轴同时移动　c）三轴同时移动

X-40.0 Y-20.0；　　　　$P_2 \to P_3$

用 G90 编程如下：

G00 X40.0 Y60.0；　　　　$O \to P_1$

X80.0Y 40.0；　　　　$P_1 \to P_2$

X40.0 Y20.0；　　　　$P_2 \to P_3$

需要说明的是：G00 的具体运动速度已由机床生产厂设定，不能用程序指令改变，但可以用机床操作面板上的进给修调旋钮来改变。另外，G00 的走刀轨迹，通常不是直线轨迹，而是图 1-27 所示的折线。这种走刀路线有利于提高定位精度。

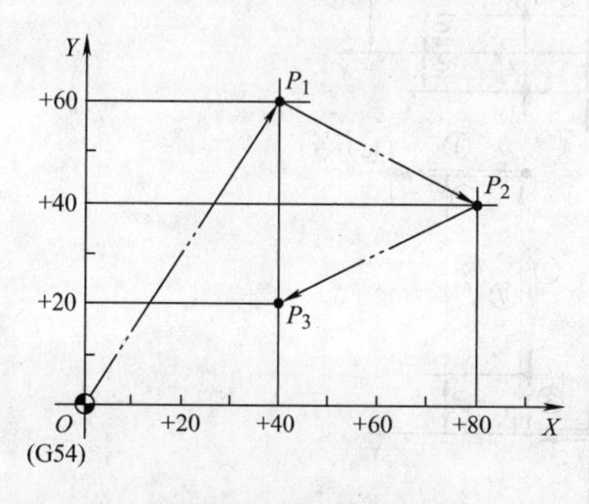

图 1-26　G00 编程示例

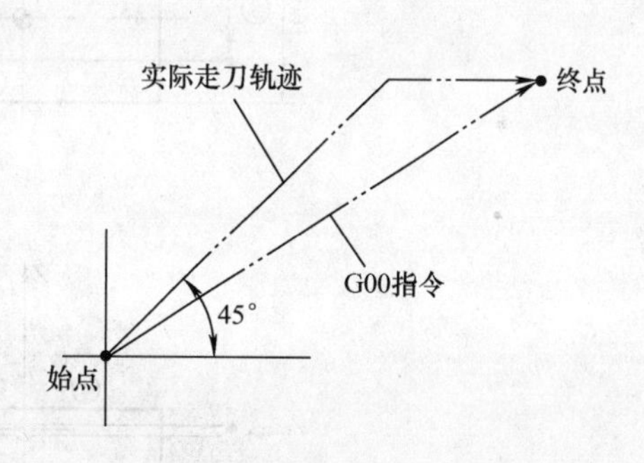

图 1-27　G00 的走刀轨迹

5. 直线插补指令 G01

G01 指令控制刀具以给定的进给速度从当前位置沿直线移动到指令给出的目标位置。

格式：G01 X＿Y＿Z＿F＿；

说明：X、Y、Z 表示目标点坐标；F 表示进给量（mm/min）。

图 1-28 表示刀具从 P_1 点开始沿直线依次移动到 P_2、P_3、P_4、P_5、P_6 点，可分别用增量坐标（G91）或绝对坐标（G90）编程。

用 G91 编程如下：

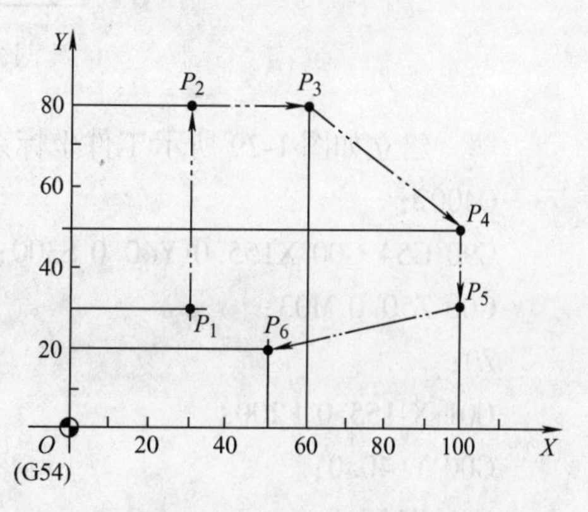

图 1-28　G01 编程示例

G01 Y50.0 F120;　　$P_1 \to P_2$
X30.0;　　$P_2 \to P_3$
X40.0 Y-30.0;　　$P_3 \to P_4$
Y-20.0;　　$P_4 \to P_5$
X-50.0 Y-10.0;　　$P_5 \to P_6$

用 G90 编程如下：

G01 Y80.0 F120;　　$P_1 \to P_2$
X60.0;　　$P_2 \to P_3$
X100.0 Y50.0;　　$P_3 \to P_4$
Y30.0;　　$P_4 \to P_5$
X50.0 Y20.0;　　$P_5 \to P_6$

【例 1-2】 在立式数控铣床上按图 1-29 所示的走刀路线铣削工件上表面，已知主轴转速为 300r/min，进给量为 200mm/min。试编制加工程序。

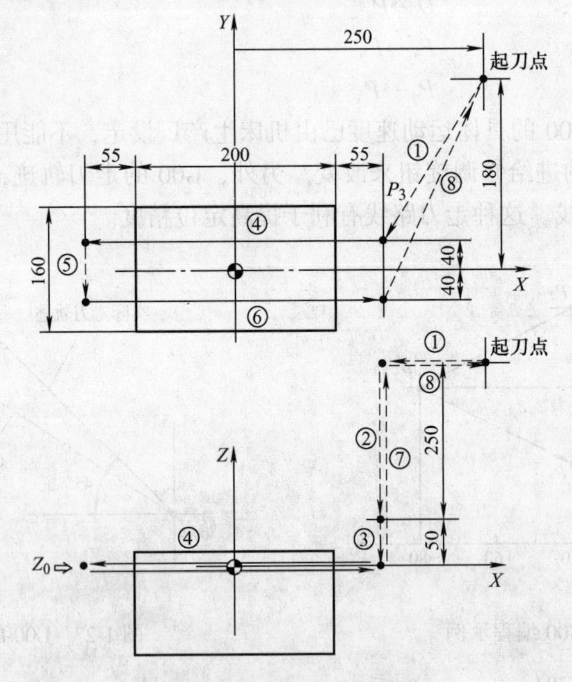

图 1-29　刀具走刀路线

解　建立如图 1-29 所示工件坐标系，编制加工程序如下：

O4002;　　程序名
G90 G54 G00 X155.0 Y40.0 S300;　　①
G00 Z50.0 M03;　　②
Z0;　　③
G01 X-155.0 F200;　　④
G00 Y-40.0;　　⑤
G01 X155.0;　　⑥

G00 Z300.0 M05;　　　　　　　　　　⑦
X250.0 Y180.0;　　　　　　　　　　⑧
M30;　　　　　　　　　　　　　　　程序结束

6. 圆弧插补指令 G02、G03

G02、G03 指令控制刀具在指定坐标平面内以给定的进给速度从当前位置（圆弧起点）沿圆弧移动到指令给出的目标位置（圆弧终点）。G02 为顺时针方向圆弧插补指令，G03 为逆时针方向圆弧插补指令。因加工零件均为立体的，在不同平面上其圆弧切削方向（G02 或 G03）如图 1-30 所示。其判断方法为：在右手直角坐标系中，从垂直于圆弧所在平面轴的正方向往负方向看，顺时针方向圆弧用 G02，逆时针方向圆弧用 G03。指令格式有三种情况。

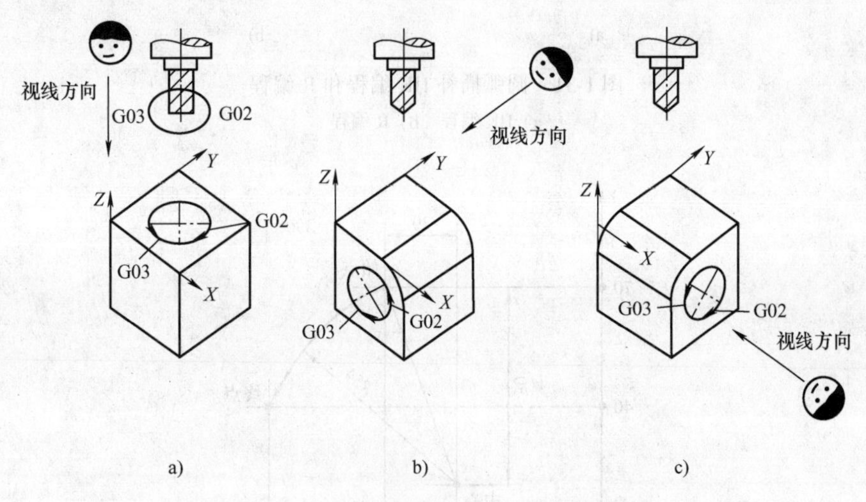

图 1-30　圆弧切削方向与平面的关系
a) *XY* 平面（G17）　b) *ZX* 平面（G18）　c) *YZ* 平面（G19）

（1）*XY* 平面上的指令格式
G17 G02/ G03 X _Y _I _J _F _;
或 G17 G02/ G03 X _Y _R _F _;
（2）*ZX* 平面上的指令格式
G18 G02/ G03 X _Z _I _K _F _;
或 G18 G02/ G03 X _Z _R _F _;
（3）*YZ* 平面上的指令格式
G19 G02/ G03 Y _Z _J _K _F _;
或 G19 G02/ G03 Y _Z _R _F _;

说明：X、Y、Z 为圆弧终点坐标；I、J、K 为圆心分别在 *X*、*Y*、*Z* 轴相对圆弧起点的增量坐标（以后简称 IJK 编程），如图 1-31a 所示；R 为圆弧半径（以后简称 R 编程），如图 1-31b 所示；G17、G18、G19 为坐标平面选择指令。

注意：G02 和 G03 与坐标平面的选择有关。圆弧终点坐标可分别用增量坐标（G91）或绝对坐标（G90）指令，用 G91 指令时表示圆弧圆心相对于圆弧起点的增量坐标。用 R 编程时，如果圆弧圆心角 $\alpha \leqslant 180°$，R 取正值，$\alpha > 180°$，R 取负值。如果加工的是整圆，则不能直接用 R 编程，而应用 IJK 编程。图 1-32 所示的圆弧可分别按如下四种不同的方式编程。

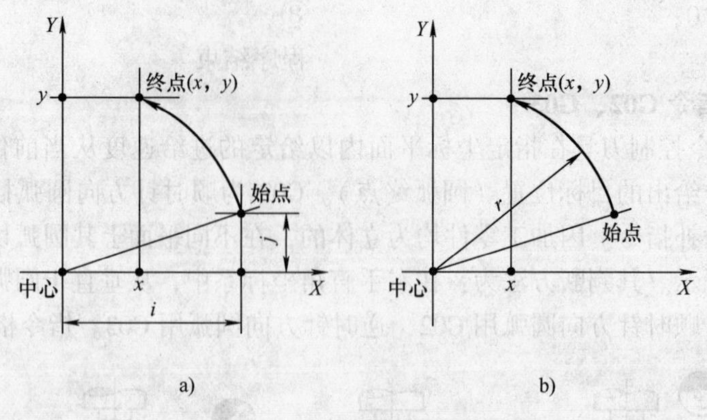

图 1-31　圆弧插补 IJK 编程和 R 编程

a）IJK 编程　b）R 编程

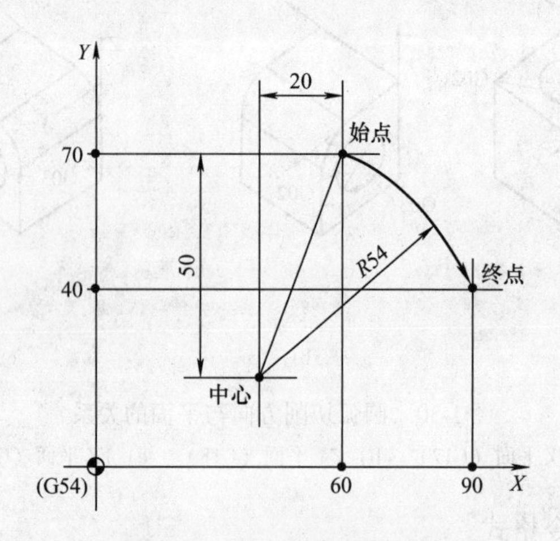

图 1-32　圆弧插补编程示例

① G91 方式 IJK 编程如下：

(G91 G17;)

G02 X30. 0 Y-30. 0 I-20. 0 J-50. 0 F120;

② G91 方式 R 编程如下：

(G91 G17;)

G02 X30. 0 Y-30. 0 R54. 0 F120;

③ G90 方式 IJK 编程如下：

(G17 G90 G54;)

G02 X90. 0 Y40. 0 I-20. 0 J-50. 0 F120;

④ G90 方式 R 编程如下：

(G17 G91 G54;)

G02 X90. 0 Y40. 0 R54. 0 F120;

【例 1-3】　在立式数控铣床上按图 1-33 所示的走刀路线铣削工件外轮廓（不考虑刀具

半径），已知主轴转速为400r/min，进给量为200mm/min，试编制加工程序。

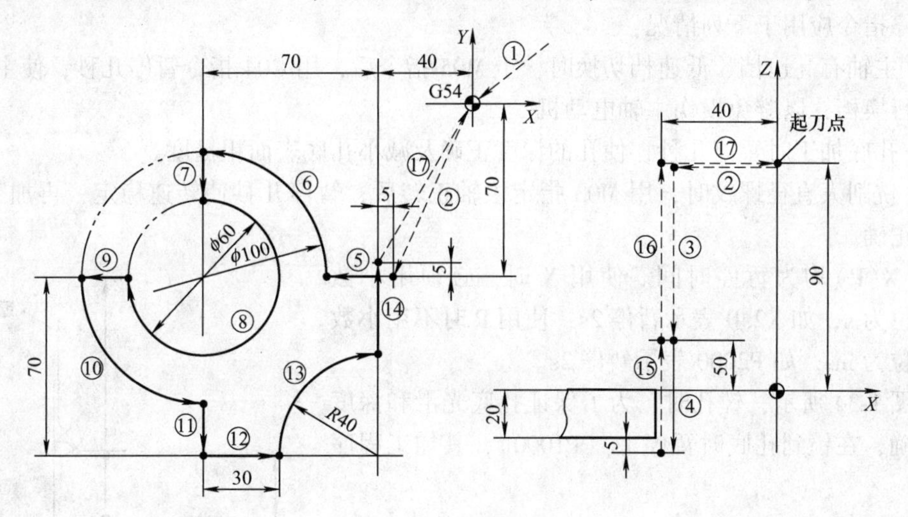

图1-33　刀具走刀路线

解　建立图1-33所示工件坐标系，编制加工程序如下：

程序	走刀路线号
O4003；	
N10 G17 G90 G54 G00 X0 Y0；	①
N20 X-35.0 Y-70.0 S400；	②
N30 Z50.0 M03；	③
N40 G01 Z-25.0 F100 M08；	④
N50 X-60.0 F200；	⑤
N60 G03 X-110.0 Y-20.0 R50.0；	⑥
N70 G01 Y-40.0；	⑦
N80 G02 X-140.0 Y-70.0 R-30.0；	⑧
N90 G01 X-160.0；	⑨
N100 G03 X-110.0 Y-120.0 R50.0；	⑩
N110 G01 Y-140.0；	⑪
N120 X-80.0；	⑫
N130 G02 X-40.0 Y-100.0 R40.0；	⑬
N140 G01 Y-65.0；	⑭
N150 G00 Z50.0；	⑮
N160 Z90.0 M05；	⑯
N170 X0 Y0；	⑰
N180 M30；	程序结束

7. 程序暂停指令G04

G04指令控制系统按指定时间暂时停止执行后续程序段，暂停时间结束则继续执行。该指令为非模态指令，只在本程序段有效。

格式：G04 X（P）；

说明：X 和 P 表示的均为暂停时间，单位分别为秒和毫秒。

暂停指令应用于下列情况：

1）主轴有高速档、低速档切换时，于 M05 指令后，用 G04 指令暂停几秒，使主轴停稳后，再行换档，以避免损伤主轴电动机。

2）孔底加工时暂停几秒，使孔的深度正确及减小孔底表面粗糙度。

3）铣削大直径螺纹时，用 M03 指定主轴正转后，暂停几秒使转速稳定，再加工螺纹，使螺距正确。

4）X(P) 均为暂停时间。使用 X 时，必须用小数点，单位为 s，如 X2.0 表示暂停 2s；使用 P 时不用小数点，单位为 ms，如 P2000 表示暂停 2s。

如图 1-34 所示，镗孔时，为了保证孔底光滑和深度尺寸准确，在镗到孔底时暂停 1s（P1000），其加工程序如下：

```
(G90 G54;)
G00 Z2.0;
G01 Z-10.0 F100;
G04 P1000;
G00 Z22.0;
```


图 1-34　G04 编程示例

暂停时间一般应保证刀具在孔底保持回转一转以上。例如，假设主轴转速为 300r/min，则暂停时间 = 60s/300 = 0.2s，也就是说，暂停时间应该至少 0.2s 以上。假设可以取 0.5 s，则指令为“G04 P500;”或“G04 X0.5;”。

8. 返回参考点检查指令 G27

数控机床通常是长时间连续运转，为了提高加工的可靠性及保证工件尺寸的正确性，可用 G27 指令来检查工件原点的正确性。

格式：G90/G91 G27 X _Y _Z _;

说明：在 G90 方式下，X、Y、Z 值指机床参考点在工件坐标系的绝对值坐标；在 G91 方式下，X、Y、Z 表示机床参考点相对刀具当前所在位置的增量坐标。

G27 指令的用法如下：当执行加工完成一个循环，在程序结束前执行 G27 指令，则刀具将以快速定位（G00）方式自动返回机床参考点，如果刀具到达参考点位置，则操作面板上的参考点返回指示灯会亮；如果工件原点位置在某一轴向有误差，则该轴对应的指示灯不亮，且系统将自动停止执行程序，发出报警提示。执行 G27 指令的前提是在通电后必须返回过一次参考点（手动返回或 G28 指令返回）。

使用 G27 指令时，若先前建立了刀具半径或长度补偿，则必须先用 G40 或 G49 指令将刀具补偿取消，才可使用 G27 指令。

9. 自动返回参考点指令 G28

G28 指令可使坐标轴自动返回参考点。

格式：G28 X _Y _Z _;

说明：X、Y、Z 为返回参考点时所经过的中间点坐标。指令执行后，所有受控轴都将快速定位到中间点，然后再从中间点到参考点，如图 1-35 所示。

G91 方式编程如下：

G91 G28 X100.0 Y150.0；

G90 方式编程如下：

G90 G54 G28 X300.0 Y250.0；

如果需要坐标轴从当前位置直接返回参考点，一般用增量坐标指令，如图 1-36 所示，其程序编制如下：

G91 G28 X0 Y0；

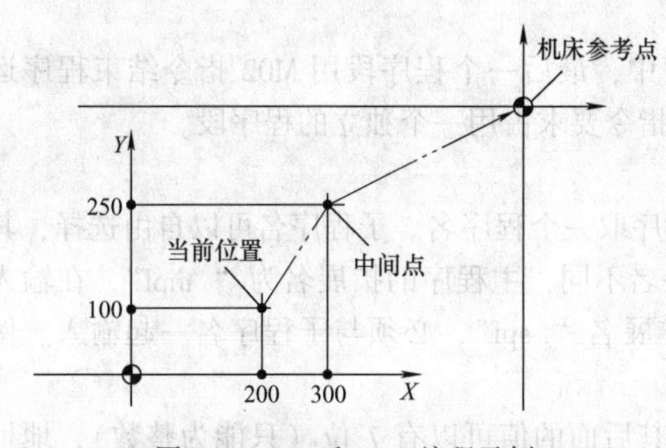

图 1-35　G28 和 G29 编程示例

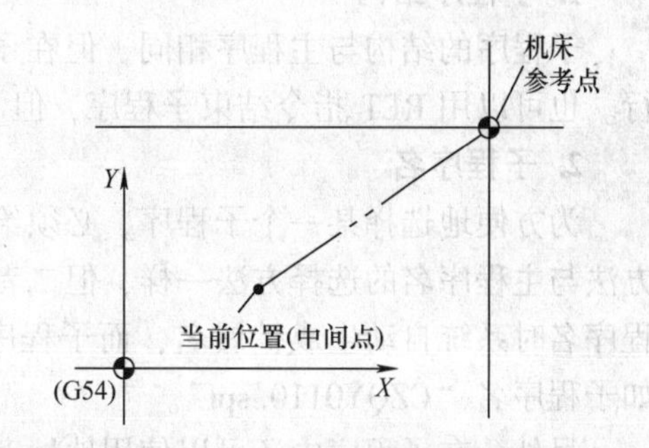

图 1-36　坐标轴直接返回参考点

10. 从参考点返回指令 G29

G29 指令的功能是使刀具由机床参考点经过中间点到达目标点。

格式：G29 X_Y_Z_；

说明：X、Y、Z 后面的数值是刀具的目标点坐标。

这里经过的中间点就是 G28 指令所指定的中间点，刀具可经过这一安全通路到达欲切削加工的目标点位置，所以用 G29 指令之前，必须先用 G28 指令，否则执行 G29 指令时会因不知道中间点位置而发生错误。以图 1-35 所示为例说明 G29 指令的用法，程序如下：

G90 G28 X300.0 Y250.0；	由当前位置经中间点移至机床参考点，主轴停止，取下刀具
T03 M00；	换 3 号刀
G29 X35.0 Y30.0 Z5.0；	3 号刀由机床参考点经中间点（300，250）快速定位至目标点（35，30）

11. 第 2、3、4 参考点返回指令 G30

G30 指令的功能是由刀具所在位置经过中间点回到参考点。它与 G28 指令很类似，差别在于 G28 指令是返回第一参考点（机床原点），而 G30 指令是返回第 2、3、4 参考点。

格式：G30 P2/P3/ P4 X_Y_Z_；

说明：P2、P3、P4 即选择第 2、3、4 参考点，选择第 2 参考点时可省略不写 P2；X、Y、Z 后面的坐标值即为中间点坐标。

第 2、3、4 参考点的坐标位置在参数中设定（FANUC 0i 系统中，参数号 735 ~ 737 用于设定 P2，参数号 780 ~ 782 用于设定 P3，参数号 784 ~ 786 用于设定 P4），其值为机床原点到参考点的向量值。

(五) 刀具补偿指令

在数控机床上进行工件轮廓的铣削加工时，由于刀具半径的存在，刀具中心轨迹和工件轮廓不重合。当数控机床具备刀具半径补偿功能时，编程人员只需根据工件轮廓编程，数控系统会自动计算出刀具中心轨迹，加工出所需要的工件轮廓。同时，为了简化编程，在编程时除了可以不考虑刀具半径值以外，也可以不考虑刀具长度值，此时只需利用系统的长度补偿功能建立起相应的长度补偿即可。刀具补偿方法在后面的模块中具体讲解。

（六）子程序

用子程序编写经常重复进行的加工，如某一确定的轮廓形状。子程序应位于主程序中适当的位置，在需要时进行调用、运行。

1. 子程序结构

子程序的结构与主程序相同，但在子程序中，最后一个程序段用 M02 指令结束程序运行。也可以用 RET 指令结束子程序，但 RET 指令要求占用一个独立的程序段。

2. 子程序名

为方便地选择某一个子程序，必须给子程序取一个程序名。子程序名可以自由选择，其方法与主程序名的选择方法一样，但二者扩展名不同，主程序的扩展名为“. mpf”，在输入程序名时系统自动生成扩展名，而子程序的扩展名“. spf”，必须与子程序名一起输入。例如子程序名“CZQY0110. spf”。

另外，在子程序中还可以使用地址字 L，其后面的值可以有 7 位（只能为整数），地址字 L 之后的 0 均有意义，不能省略。例如，L128、L0128、L00128 分别代表 3 个不同的子程序。

3. 子程序调用

在一个程序（主程序或子程序）中，可以直接利用程序名调用子程序。子程序调用要求占用一个独立的程序段。如果要求多次连续地执行某一子程序，则在编程时必须在所调用子程序的程序名后的地址 P 下写入调用次数，调用次数为 1 ~ 9999 次。

例如有如下程序：

N10 L785；调用 L785 子程序

N20 LABC；调用 LABC 子程序

N30 L785 P3；调用 L785 子程序，运行 3 次

在子程序中可以改变模态有效的 G 功能，如 G90 到 G91 的变换。在返回调用程序时应注意检查所有模态有效的功能指令，并按照要求进行调整。

4. 子程序嵌套

一个子程序不仅可以从主程序中调用，也可以从其他子程序中调用，这个过程称为子程序的嵌套。子程序的嵌套深度可以为三层，也就是四级程序界面（包括主程序界面）。在使用加工循环程序进行加工时，要注意加工循环程序也同样属于四级程序界面中的一级。四级程序界面运行过程如图 1-37 所示。

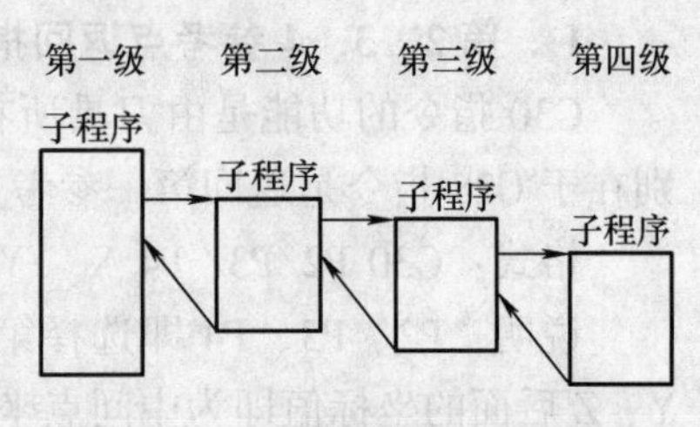

图 1-37　四级程序界面运行过程

（七）计算参数和程序跳转

为使一个数控程序不仅仅适用于特定数值下的一次加工，或者必须计算出数值时，可以使用计算参数。可以在程序运行时由控制器计算或设定所需要的值，也可以通过操作面板设定参数值。如果参数已经赋值，则可以利用它们对程序中由变量确定的地址进行赋值。在加

工非圆曲面时，系统没有定义指令，这就需要借助计算参数 R，并应用程序跳转等手段来完成曲面的加工。

1. 计算参数

系统中共有 250 个计算参数可供使用，其中 R0 ~ R99 可以自由使用；R100 ~ R249 为加工循环传递参数，如果编程人员在程序中没有使用加工循环，则这部分加工循环传递参数也同样可以自由使用。计算参数的赋值范围为 ±（0.000 0001 ~ 9999 9999）。例如，R1 = 10，表示给 R1 参数赋值为 10，如果在程序中出现“G91 G01 X = R1;”，就表示沿 *X* 轴直线移动 10mm。

2. 程序跳转

加工程序是以写入的顺序执行的，但有时需要改变执行程序顺序，这时可用程序跳转指令，以实现程序的分支运行。实现程序跳转需要跳转目标和跳转条件两个要素。

跳转目标只能是有标记符的程序段，此程序段必须位于该程序内，标记符可以自由选取，但必须由两个以上的字母或数字组成，其中开始两个符号必须是字母或下划线。跳转目标程序段中标记符后面必须为冒号，标记符位于程序段段首，如果程序段有段号，则标记符应紧跟程序段号。

程序跳转包括绝对跳转和有条件跳转，应用较多的是有条件跳转。跳转指令占有一个独立的程序段。有条件跳转程序段格式如下：

IF（条件）GOTOF（标记符）；向下跳转（向程序结束的方向跳转）

IF（条件）GOTOB（标记符）；向上跳转（向程序开始的方向跳转）

3. 程序跳转举例

【例 1-4】 圆弧上点的移动如图 1-38 所示。已知：起始角 30°（R1），圆弧半径 20mm（R2），位置间隔 10°（R3），点数 11（R4），圆心位置（*Z* 轴方向）50mm（R5），圆心位置（*X* 轴方向）20mm（R6）。

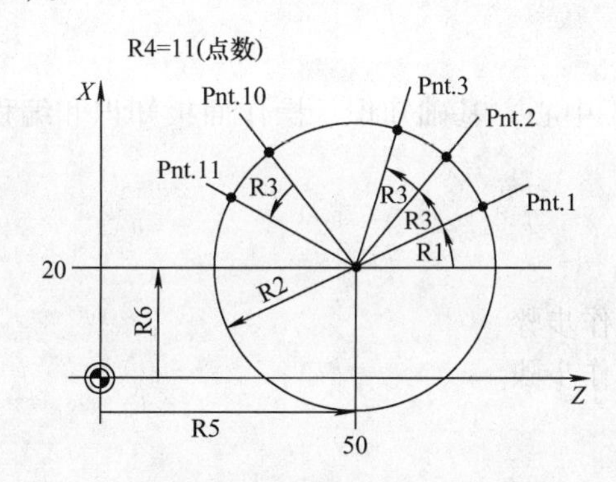

图 1-38　圆弧上点的移动

解　编程如下：

N10 R1 = 30 R2 = 20 R3 = 10 R4 = 11 R5 = 50 R6 = 20;　　赋初始值

N20 MA1:G00　Z = R2 * COS(R1) + R5　X = R2 * SIN(R1) + R6;　坐标轴地址计算及赋值

N30 R1 = R1 + R3　R4 = R4 - 1;

N40 IF R4 >0 GOTOB MA1;

N50 M02；

在程序段 N10 中给相应的计算参数赋值，在 N20 中进行坐标轴 X 和 Z 的数值计算并进行赋值。在程序段 N30 中 R1 增加 R3 角度；R4 减小数值 1。如果 R4 >0，则重新执行 N20，否则运行 N50，用 M02 指令结束程序。

(八) 固定循环

循环是指用于特定加工过程的工艺子程序，如用于钻削、坯料切削、凹槽切削或螺纹切削等，只要改变参数就可以使这些循环应用于各种具体加工过程。循环在用于上述加工过程时只要改变相应的参数，进行少量的编程即可。使用加工循环时，编程人员必须事先保留参数 R100 ~ R249，保证这些参数只用于加工循环而不被程序中的其他操作使用。调用一个循环之前需要对该循环的传递参数赋值。

编程循环时不考虑坐标轴，在调用循环之前，必须在调用程序中返回钻削位置。如果在钻削循环中没有设定进给速度、主轴转速和方向的参数，则必须在零件程序中编程指定这些值。循环结束以后 G00、G90、G40 指令一直有效。

当参数组在调用循环之前并且紧挨循环调用语句时，才可以进行循环的重新编译，而且这些参数不可以被数控指令或者注释语句隔开。

钻削循环和铣削循环的前提条件就是首先选择平面，且有一个具有补偿值的刀具有效，激活编程坐标转换（零点偏移，旋转）从而定义目前加工的实际坐标系。钻削轴始终为系统的第三坐标轴，在循环结束之后该刀具保持有效。

任务四　数控铣床（加工中心）的操作方法

【任务目标】

一、任务描述

在掌握数控铣床（加工中心）基础知识、操作面板知识和编程的基础上，学习数控铣床和加工中心的操作步骤。

二、学习目标

1）学习数控铣床的操作步骤。
2）学习加工中心的操作步骤。

三、技能目标

1）能够熟练操作数控铣床。
2）能够熟练操作加工中心。

【知识链接】

一、数控铣床的操作步骤

1）开机。一般先开机床再开系统，有的数控铣床设计二者是互锁的，机床不通电就不

能在 CRT 上显示信息。

2）返回参考点。对于增量控制系统（使用增量式位置检测元件）的机床，必须首先执行这一步，以建立机床各坐标的移动基准。

3）输入数控程序。若是简单程序可直接通过键盘在系统操作面板上输入；若程序非常简单，只加工一件且程序没有保存的必要，采用 MDI 方式输入；还有的外部程序通过 DNC 方式输入数控系统内存。

4）程序编辑。输入的程序若需要修改，则要进行编辑操作。此时，将方式选择开关置于编辑位置，利用编辑键进行增加、删除、更改程序。编辑后的程序必须保存后方能运行。

5）空运行校验。机床锁住，机床后台运行程序。此步骤是对程序进行检查，若有错误，则需重新进行编辑。

6）对刀并设定工件坐标系。采用手动进给移动机床，使刀具中心位于工件坐标系的零点，该点也是程序的起始处，将该点的机械坐标写入 G54 偏置，按确定键完成。

7）自动加工。加工中可以按下进给保持键，使进给运动暂停，观察加工情况或进行手工测量，然后再按下循环启动键，即可恢复加工。

8）关机。一般应先关闭数控系统，最后关闭机床电源。

二、加工中心的操作步骤

1）开机，各坐标轴手动回机床原点。

2）刀具准备。

3）将已装夹好刀具的刀柄采用手动方式放入刀库。

4）清洁工作台，安装夹具和工件。

5）对刀，确定并输入工件坐标系参数。

6）输入加工程序。

7）调试加工程序。

8）自动加工。

9）取下工件，进行检测。

10）关机，清理加工现场。

【任务实施】

矩阵孔零件如图 1-39 所示。毛坯尺寸：250mm × 250mm × 40mm，材料：45 钢。

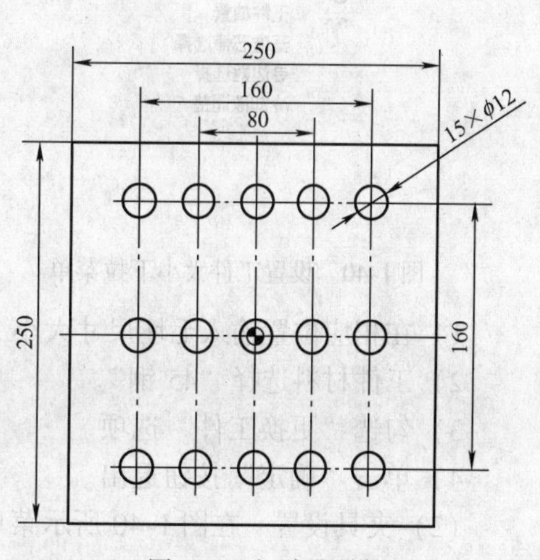

图 1-39　矩阵孔零件

操作步骤如下：

（一）图样分析

1. 选择刀具

ϕ12mm 钻头。

2. 编辑程序

参考程序如下：

N10 G54；

N15 T01 M06；

```
N20 M03 S800 M08;
N30 G90 G00 X-80 Y-80;
N40 G43 H1 Z50;
N60 G99 G83 Z-30 R5 Q2 F200;
N70 G91 X40 K4;
N80 Y80;
N90 G91 X-40 K4;
N100 Y80;
N110 X40 K4;
N120 G80 G90 G0 Z50;
N140 G91 G28 Z0 Y0;
N150 M30;
```

（二）开机及准备加工

1. 启动

打开外部电源开关，启动机床电源，松开紧急停止旋钮。按下操作面板上的电源开关。

2. 回零（回参考点）

按键后分别按 Z 、 X 、 Y 键，则三个轴分别自动回参考点。

3. 根据零件图要求，装夹零件

（1）工件大小设置　单击工具栏中的按钮，弹出图1-40所示下拉菜单。在下拉菜单中选择“工件大小、原点”，弹出图1-41所示对话框。

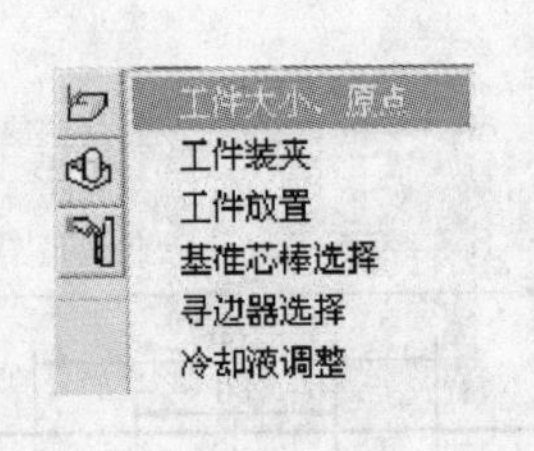

图1-40　设置工件大小下拉菜单

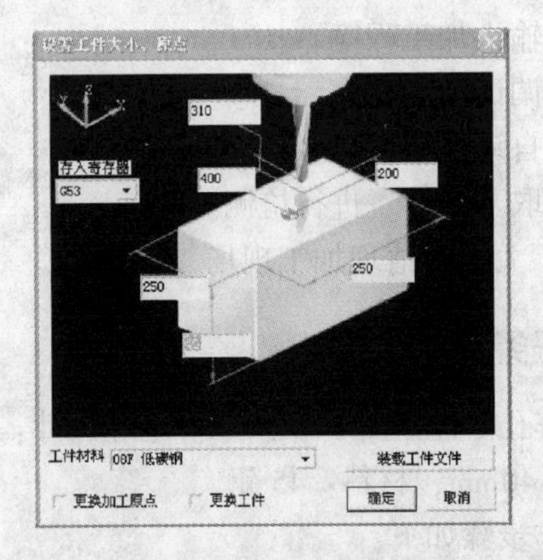

图1-41　“设置工件大小、原点”对话框

1）在相应位置输入毛坯尺寸大小250、250、40。

2）工件材料选择“45钢”。

3）勾选“更换工件”选项。

4）单击“确定”按钮退出。

（2）夹具设置　在图1-40所示菜单中，选择“工件装夹”，弹出“装夹设置”对话框，如图1-42所示。

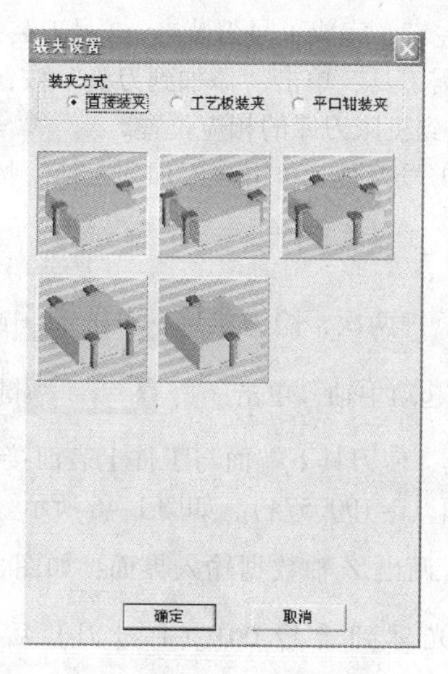

图 1-42　装夹设置

根据零件加工工艺要求，选择平口钳装夹方式。

4. 刀具装夹

单击工具栏中 按钮，弹出“刀具库管理”对话框，如图 1-43 所示。

（1）添加刀具到刀具数据库　单击“刀具库管理”中的“添加”按钮，弹出“添加刀具”对话框，如图 1-44 所示。在对话框中选择需要的刀具类型，输入刀具号（刀具号不能与刀具数据库中的编号相同），单击“确定”按钮退出，需要的刀具就添加到刀具数据库中了。

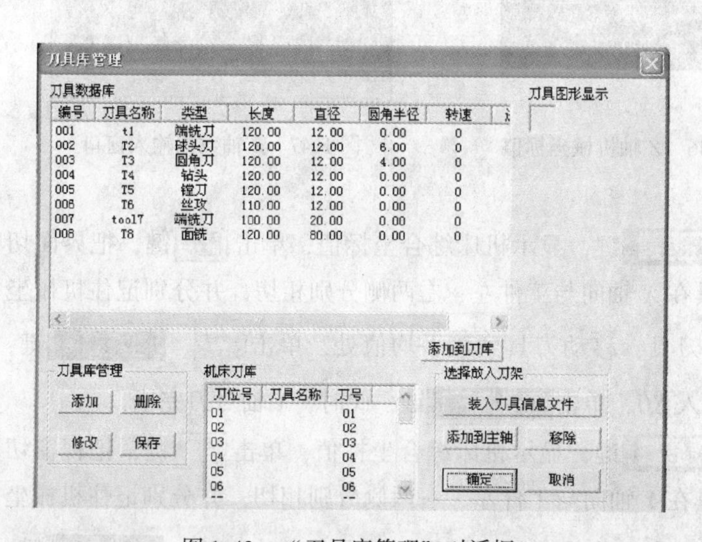

图 1-43　“刀具库管理”对话框

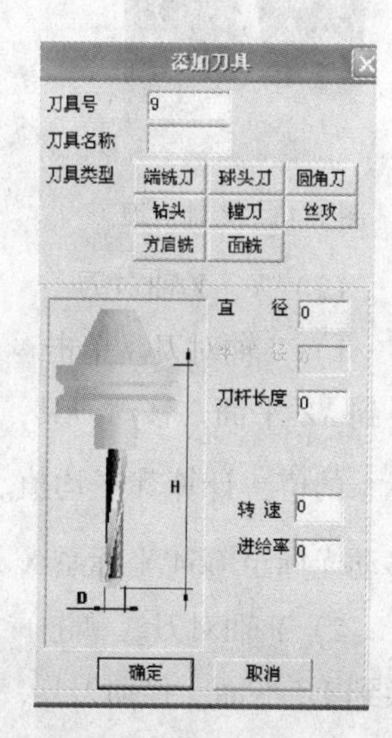

图 1-44　添加刀具窗口

（2）装夹刀具到机床刀库　装夹刀具到机床刀库有如下两种方法：

1）选择刀具数据库中所需刀具，按住鼠标左键（当前光标就会变成铆钉形状），一直拖动到刀架01号刀位再松开左键，完成1号刀装夹。2号刀装夹方法类似。

2）选择刀具数据库中所需刀具，单击“添加到刀盘”按钮，就会弹出01～24号刀位，选择相应的刀位，刀具被装夹到机床刀库的相应位置。

3）选择刀具数据库上的1号刀具，单击“添加到主轴”按钮，则1号刀就被装夹在主轴上。

5. 试切法对刀

以1号刀为例。先单击键两次，隐藏机床，单击键或键，把视窗切换到 *XZ* 或 *YZ* 平面，单击、键起动主轴，单击POS、【综合】键显示机床综合坐标值。

（1）*Z* 轴对刀　移动刀具，使刀具下端面与工件上表面接触，如图1-45所示。记住综合坐标中机械坐标系中的 *Z* 值（－190.574），如图1-46所示。

单击OFFSET SETTING，【补正】键，调出 *Z* 轴数据输入界面，如图1-47所示。在此界面中，用←、→、↑和↓键移动光标到番号001（1号刀）后的（形状）H位置，输入－190.574，单击INPUT键则 *Z* 值就输入到系统数据表里了，*Z* 轴对刀完成。

加工中心加工同一个工件的其余刀具的 *Z* 轴对刀法同上，将数据分别输入到对应番号里即可。

图1-45　*Z* 轴对刀

图1-46　*Z* 轴机械坐标值

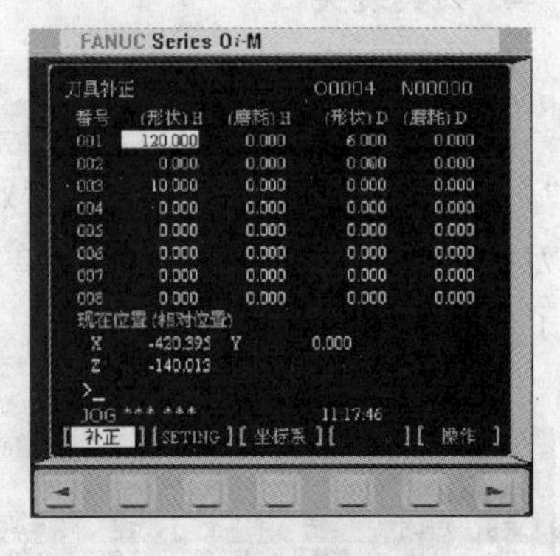

图1-47　*Z* 轴数据输入窗口

（2）*X*、*Y* 轴对刀

1）*X* 轴对刀。单击POS、【综合】键，显示机床综合坐标值，单击键，把界面切换到 *XZ* 平面。移动刀具，使刀具在 *X* 轴向与工件左、右两侧分别相切，并分别记住机械坐标系的值，计算其平均值。提高刀具，移动刀具到该平均值处，单击OFFSET SETTING、【坐标系】键，移动光标至G54坐标系X处，输入X0，单击【测量】键，此时，*X* 轴对刀完毕。

2）*Y* 轴对刀。单击POS、【综合】键，显示机床综合坐标值，单击键，把视窗切换到 *YZ* 平面。移动刀具，使刀具在 *Y* 轴向与工件左、右两侧分别相切，并分别记住机械坐标系的值。计算其平均值，提高刀具，移动刀具到该平均值处，单击OFFSET SETTING、【坐标系】键，移动光标至G54坐标系Y处，输入Y0，单击【测量】键。此时，*Y* 轴对刀完毕，如图1-48所示。

加工中心加工同一个工件的其余刀具的 *X*、*Y* 向偏置值不再重复对刀（多坐标系时除外）。

6. 程序输入

先单击、、、[DIR]键，显示加工程序目录，如图 1-49 所示。输入新程序名“O0004”（新程序与原有程序不能重名），单击键，新程序就创建好了，如图 1-50 所示。将编好的程序依次输入完成，如图 1-51 所示。

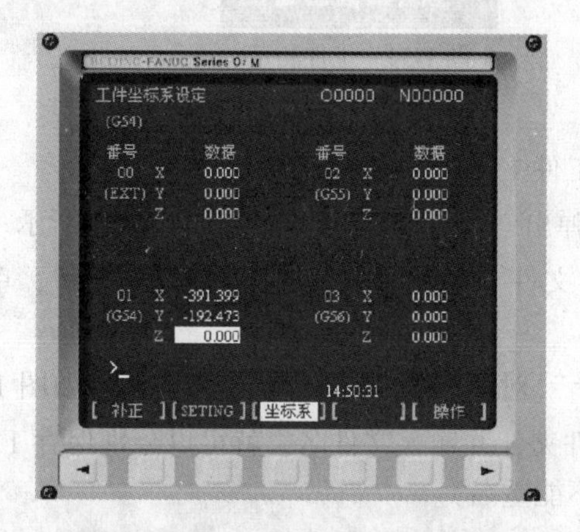

图 1-48　*X*、*Y* 轴对刀完成图

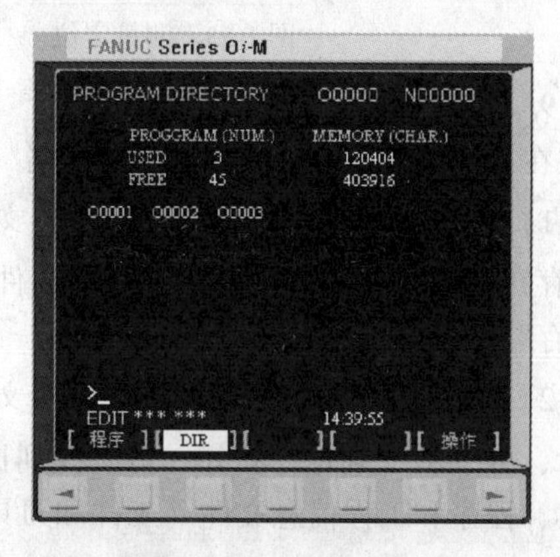

图 1-49　加工程序目录

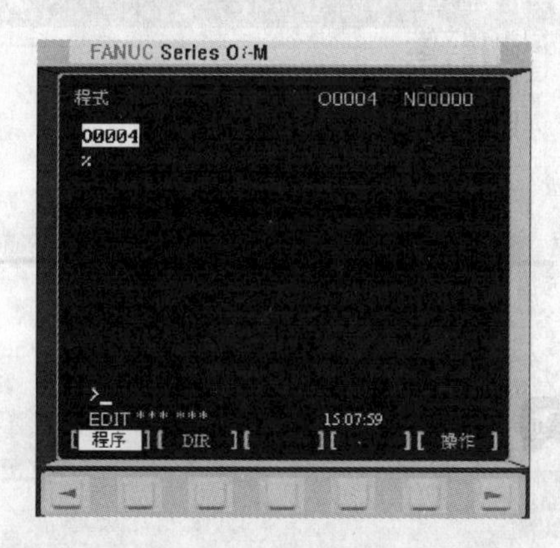

图 1-50　新建程序

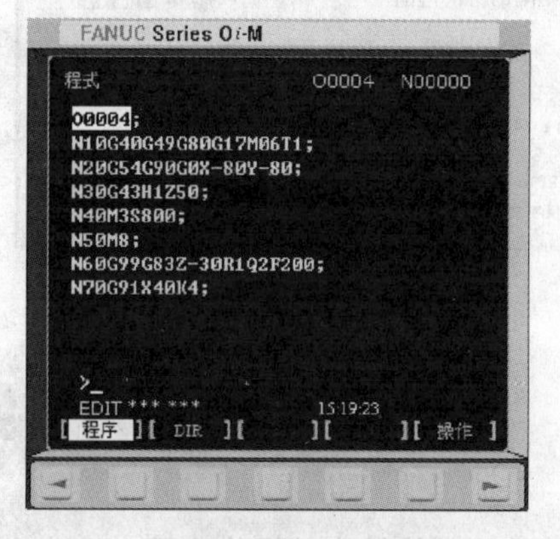

图 1-51　程序输入完成

7. 加工零件

单击键进入编辑方式，调出欲加工程序，单击、、键，程序自动运行直至结束。

8. 测量

单击工具栏中按钮，弹出图 1-52 所示“测量定位”对话框。单击键，勾选“显示所有的尺寸”选项，如图 1-53 所示，进行测量，如图 1-54 所示。

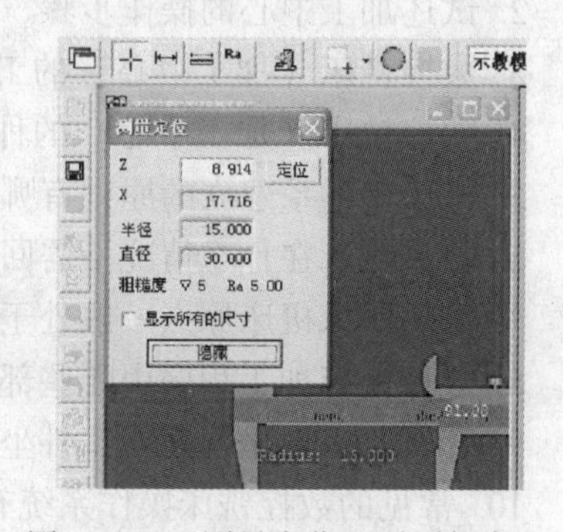

图 1-52　“测量定位”对话框窗口

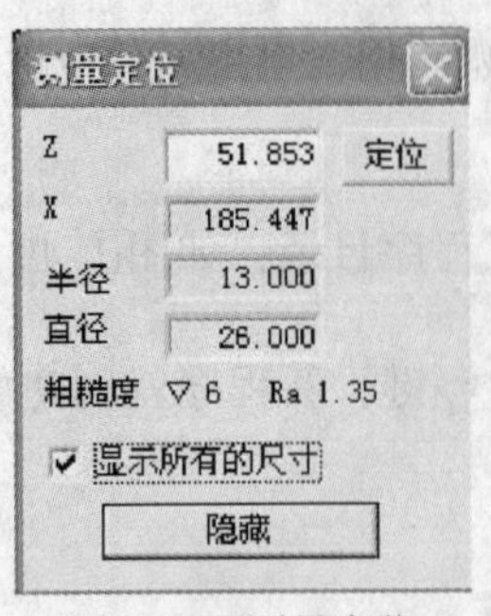

图 1-53　测量定位

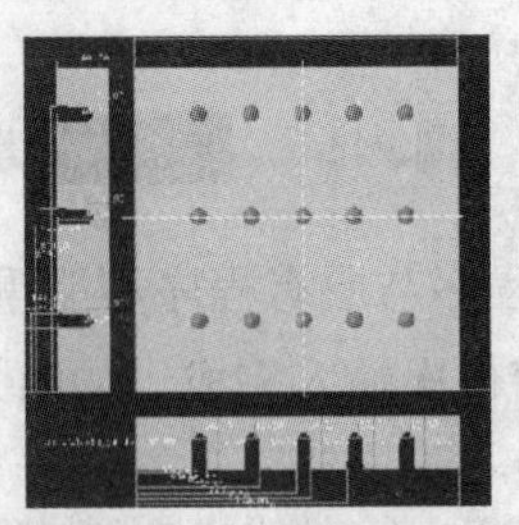

图 1-54　工件测量

9. 保存文件

在目标位置建一个文件夹，并命名（如“工件 1”）。

1）单击按钮，选择“生成报告文件”，弹出“另存为”对话框，如图 1-55 所示。在“保存在”的下拉列表框中找到目标文件夹，“文件名”后输入文件名称“工件 1”，单击“保存”按钮，即可保存。

2）单击按钮，在弹出的“另存文件选择”对话框中单击“全选”按钮，如图 1-56 所示，再单击“确定”按钮，分别找到目标文件夹，并输入文件名，就可以分别保存工件、刀具、程序和工程信息文件（工件和刀具文件不能重名）。

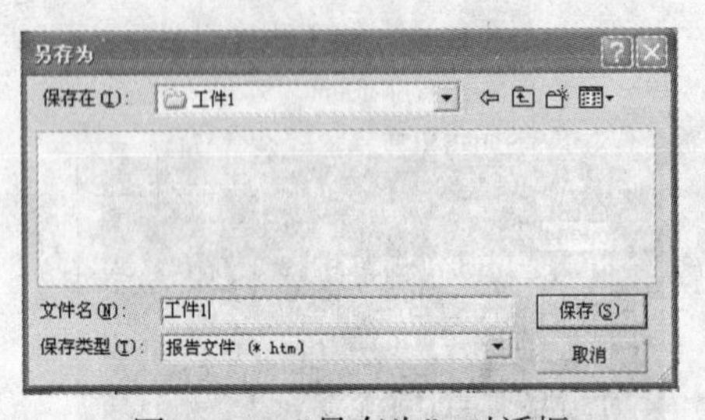

图 1-55　“另存为”对话框

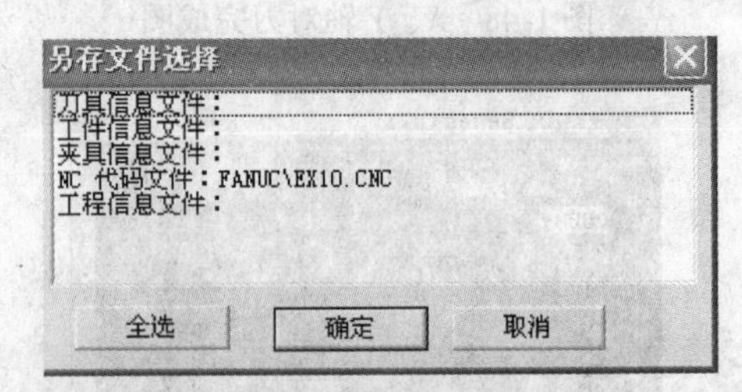

图 1-56　保存工程信息等文件

思考与练习

1. 试述数控铣床的操作步骤。
2. 试述加工中心的操作步骤。
3. 数控铣床（加工中心）的工作原理是什么？
4. 数控铣床（加工中心）的种类有哪些？
5. 机床坐标系建立的原则有哪些？
6. 数控铣床在什么情况下需回参考点？
7. 数控铣床机床原点一般处于什么位置？
8. 数控铣床加工程序由哪些部分组成？
9. 什么是工件坐标系？工件坐标系建立的原则有哪些？
10. 常见的数控铣床操作系统有哪些？
11. 试述数控铣床操作面板各按键的功能。

模块二　平面槽零件铣削加工

任务一　直线沟槽的加工

【任务目标】

一、任务描述

如图 2-1 所示零件，材料为 45 钢，毛坯尺寸为 80mm×80mm×20mm，采用立式加工中心加工，单件生产，编写直线沟槽加工程序，运用 YH 仿真软件仿真加工。

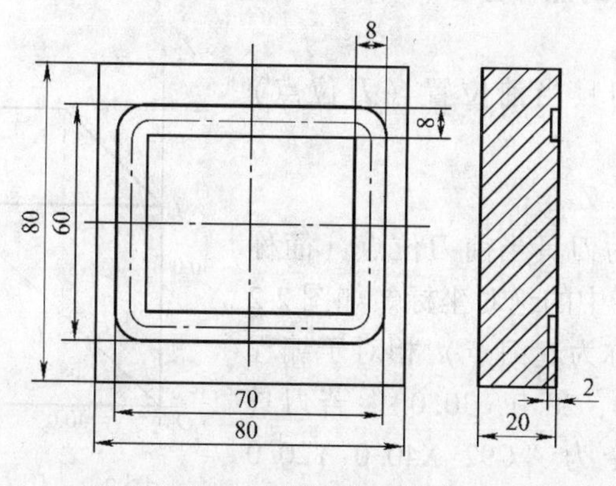

图 2-1　直线沟槽零件

二、学习目标

1）掌握数控铣床（加工中心）编程中 G00、G01、G02、G03、G09、G91、G92、G54～G59 指令的功能。

2）认识沟槽加工刀具的结构及特点。

三、技能目标

1）具有使用 G00、G01、G02、G03、G09、G91、G92、G54～G59 指令编写沟槽加工程序的能力。

2）学会在数控铣床、加工中心上加工零件时的基本对刀方法。

3）具有用仿真软件验证程序是否正确的技能。

4）初步会操作数控铣床、加工中心。

【知识链接】

一、相关数控指令的功能及应用

1. 工件坐标系

（1）工件坐标系的概念　工件坐标系是编程人员为方便编程，在工件、夹具上选定某一已知点为原点所建立的编程坐标系。该原点称为编程原点、工件原点或工件零点，也称为程序原点。工件坐标系与机床坐标系的坐标轴相互平行，方向一致，但原点不同。工件装夹好后，必须通过“对刀”找到工件原点在机床坐标系中的确定位置或者工件与刀具的相对位置。

工件原点由编程人员任意选取，其选择原则如下：

1）应选在工件的设计基准或工艺基准上。

2）应便于工件图样上的尺寸换算，尽量用图样尺寸作为坐标值。

3）应选在便于工件找正、测量的位置。一般选在工件的上表面中心。

4）应选在精度高、表面粗糙度值低的表面上。

（2）建立工件坐标系的几种方法

1）用 G92 指令设定。

功能：G92 指令以刀具当前位置（刀位点）为参考，建立工件坐标系。

格式：G92 X _ Y _ Z _；

说明：① X、Y、Z 为刀具当前刀位点（简称为当前点）在工件坐标系中的绝对坐标。如图 2-2 所示，当前点 A 点（也称为起刀点）相对于编程原点 O_P 的坐标值（40.0，20.0，30.0）。若刀具的当前点在 A 点，指令为“G92 X40.0 Y20.0 Z30.0;”；若刀具的当前点在 O_P 点，指令为“G92 X0 Y0 Z0;”。

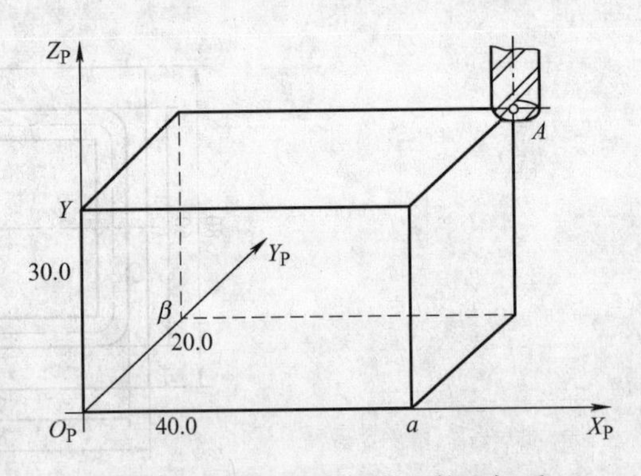

图 2-2　用 G92 指令设定工件坐标系

② 用 G92 指令设定工件坐标系时必须跟坐标地址字，因此要用一个单独程序段指定，并放在程序移动指令之前，一般放在首段。工件坐标系一旦建立起来，后序指令中的绝对值坐标值都是该工件坐标系中的坐标值。

③ 用 G92 指令建立工件坐标系，加工之前，必须将刀具通过对刀移至起刀点 A 点，工件加工完毕，刀具必须返回此点。否则加工时就会出现尺寸错误而导致工件报废，甚至出现危险。

④ 执行 G92 指令，在系统内部建立工件坐标系，刀具并不产生移动，因此机床断电或重启时工件坐标系会丢失，如果继续加工需重新对刀，以使刀具回到起始位置。为避免重新对刀，在每次设定好工件坐标系后，找出 G92 设定的起刀点在机床坐标系中的坐标值并记

录，这样便可在重新通电后将刀具移动到相应的位置。因此，在能建立机床坐标系的数控机床上大多采用 G54 ~ G59 指令来选择工件坐标系。

⑤ 该指令为非模态指令。

2）工件坐标系选择指令 G54 ~ G59。

格式：{G54；G55；G56；G57；G58；G59}

说明：① G54 ~ G59 指令对应于系统预置的六个坐标系，可根据需要选用。

② 用 G54 ~ G59 指令建立的工件坐标系原点是相对于机床原点而言的，在程序运行前已设定好，在程序运行中无法重置。

③ G54 ~ G59 指令预置建立的工件坐标系原点在机床坐标系中的坐标值可用 MDI 方式输入，系统自动记忆。一旦执行到 G54 ~ G59 指令之一，则该工件坐标系原点即为当前程序原点，后续程序段中的绝对坐标值均为相对于此程序原点的坐标值，如图 2-3 所示。

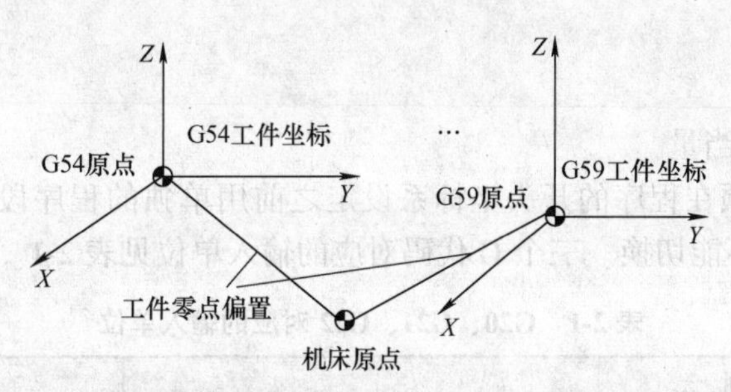

图 2-3　工件坐标系选择指令 G54 ~ G59

④ 使用该组指令前，必须先回参考点。

⑤ G54 ~ G59 指令为模态指令，可相互注销。

3）用 T 指令预置刀偏形式建立工件坐标系（T 指令仅用于数控车床，这里略）。

（3）几种建立工件坐系方法比较

1）G92 指令是以当前刀具刀位点相对于工件原点的位置关系建立的，与机床原点无关，调用执行时必须保持确定的位置关系，执行后即自动维持这一关系。

2）G54 ~ G59 指令和 T 指令是以机床原点为参照点，以工件原点与机床原点的绝对位置关系建立的，设定后可在任意位置调用执行而不受当前刀具位置限制。G92 指令则无法再次调用而保持原坐标系位置关系。

3）G92 指令适用于单件生产，批量生产时起刀点和终止位置应一致。G54 ~ G59 指令和 T 指令就无此要求。T 指令与刀具号直接相关，更适合于多把车削刀具加工的情形。

2. 绝对值编程 G90 指令与相对值编程 G91 指令

格式：　G90　G__　X__　Y__　Z__；

　　　　G91　G__　X__　Y__　Z__；

说明：① G90 为绝对值编程指令，每个轴上的坐标值是相对于工件原点的。

② G91 为相对值编程指令，每个轴上的坐标值是相对于前一位置而言的，该值等于沿轴向移动的距离。

③ G90、G91 为模态指令，其中 G90 指令为默认值。

【例 2-1】 图 2-4 中给出了刀具由原点依次向 1、2、3 点移动再返回时采用两种不同编程指令的程序。

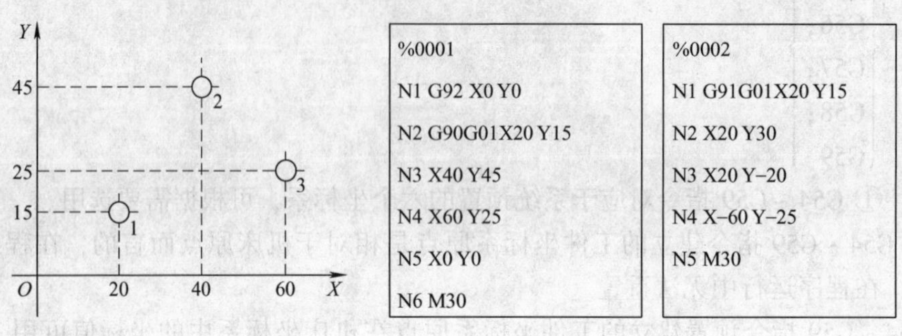

图 2-4 G90 与 G91 的应用示例

3. 尺寸单位选择指令 G20、G21、G22

格式：G20；英制

G21；米制

G22；脉冲当量

这三个 G 代码必须在程序的开头坐标系设定之前用单独的程序段指令或通过系统参数设定，程序运行中途不能切换。三个 G 代码对应的输入单位见表 2-1。

表 2-1 G20、G21、G22 对应的输入单位

选择指令 \ 轴	线 性 轴	旋 转 轴
英制（G20）	英寸（in）	度（°）
公制（G21）	毫米（mm）	度（°）
轴脉冲当量（G22）	移动轴脉冲当量	旋转轴脉冲当量

4. 快速定位指令 G00

（1）功能 G00 指令刀具从当前点快进速度移动至目标点。

（2）格式 G00 X__ Y__ Z__；

指令式中，X、Y、Z、为快速定位终点坐标，在 G90 指令编程方式下为终点在工件坐标系中的坐标，在 G91 指令编程方式下为终点相对于起点的坐标增量。

如图 2-5 所示，从 A 点快进到 B 点。

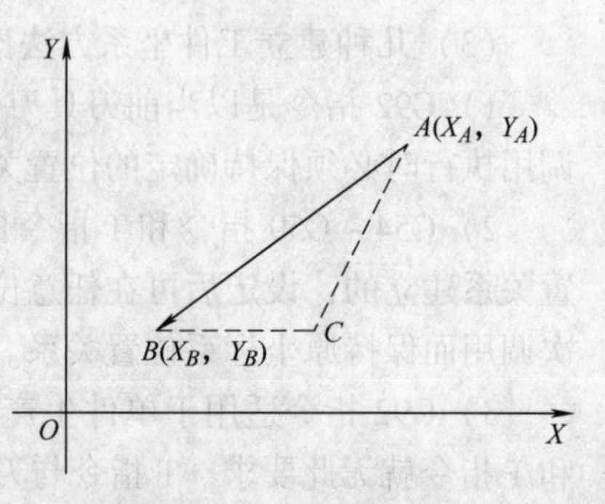

图 2-5 G00 指令应用示例

HNC-21T 系统下参考程序：

绝对值编程 G90 G00 X X_B YY_B；

增量值编程 G91 G00 X（X_B-X_A） Y（Y_B-Y_A）；

FANUC-0T 系统下参考程序：

绝对值编程　　　　G00 X X_B Y Y_B；

增量值编程　　　　G00 U（X_B-X_A）W（Y_B-Y_A）；

（3）说明

1）G00 指令刀具相对于工件从当前点以预先设定的各轴快移进给速度移动到目标点（程序段所指定的下一个定位点）。

2）快移进给速度由系统内部参数设定，不由程序指令，但可由快速修调旋钮修调，实际进给速度等于 F 指令速度与进给速度修调倍率的乘积。

3）由于各轴以各自速度快速移动，不能保证各轴同时到达终点，因而联动直线轴的合成轨迹并不总是直线，通常为折线。

4）G00 指令用于加工前快速定位或加工后快速退刀，应格外小心，以免引起刀具与工件或夹具的碰撞。

5）G00 指令为模态指令，可由 G01、G02、G03 或 G33 功能注销。

5. 直线插补指令 G01

（1）功能　G01 指令刀具从当前位置点（当前点）以联动的方式，按程序段中 F 指令规定的合成进给速度，按合成的直线轨迹移动到程序段所指定的终点（目标点）。

（2）格式　G01　X _Y _ Z _ F _；

指令式中，X、Y、Z 为终点坐标，在 G90 指令编程方式下为终点在工件坐标系中的坐标，在 G91 指令编程方式下为终点相对于起点的位移量。

如图 2-6 所示，从当前点 A 点快进到目标点 B 点。

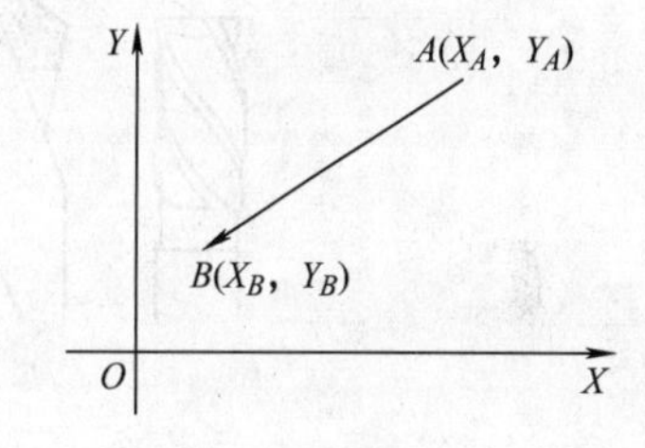

图 2-6　G01 指令应用示例

HNC-21T 系统下参考程序：

绝对值编程　G90 G01 X X_B Y Y_B；

增量值编程　G91 G01 X（X_B-X_A）Y（Y_B-Y_A）；

FANUC-0T 系统下参考程序：

绝对值编程　G01 X X_B Y Y_B；

增量值编程　G01 U（X_B-X_A）W（Y_B-Y_A）；

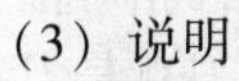
（3）说明

1）G01 指令用于切削过程中。

2）实际进给速度等于 F 指令速度与进给速度修调倍率的乘积。

3）G01 和 F 都是模态代码，如果后续的程序段不改变加工的线型和进给速度，可以不再书写这些代码。

4）G01 指令可由 G00、G02、G03 或 G33 功能注销。

5）G00 指令不需插补运算，G01 指令需作插补运算。

二、工件的定位与装夹（对刀前的准备工作）

数控铣床上常用的夹具是机用平口钳、分度头、自定心卡盘和平台夹具等，经济型数控铣床装夹工件时一般选用机用平口钳装夹工件。把机用平口钳安装在铣床工作台中心上，找正，固定。根据工件的高度情况，在机用平口钳内放入形状合适和表面质量较好的垫铁后再放入工件，一般工件的基准面朝下，与垫铁面紧靠，然后拧紧机用平口钳。

三、数控铣床（加工中心）的对刀

1. 对刀的有关概念

（1）对刀　目的是确定工件原点在机床坐标系中的位置（采用G54～G59工件坐标系），或者使刀具移动到G92指令设定的工件坐标系的程序起始点（采用G92设定工件坐标系）。数控铣床的对刀内容包括基准刀具的对刀和各刀具相对基准刀具偏差的测量两部分。对刀时，先确定基准刀具，进行对刀操作；再测量出其他刀具与基准刀具刀位点的位置偏差值（包括长度和半径偏差），并将偏差值输入到各刀具对应的刀具补偿偏差寄存器地址中，如图2-7所示。

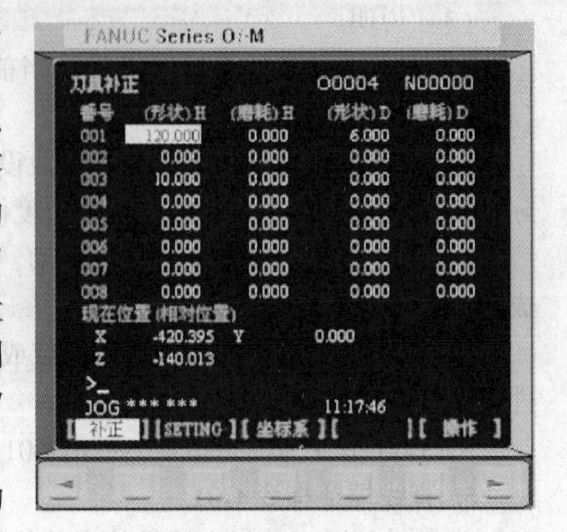

图2-7　刀具补偿偏差寄存器

（2）刀位点　刀具上的一个基准点，如车刀的刀位点为刀尖，平头立铣刀的刀位点为端面中心，球头铣刀的刀位点通常为球心，如图2-8所示。刀位点相对运动的轨迹就是编程轨迹。

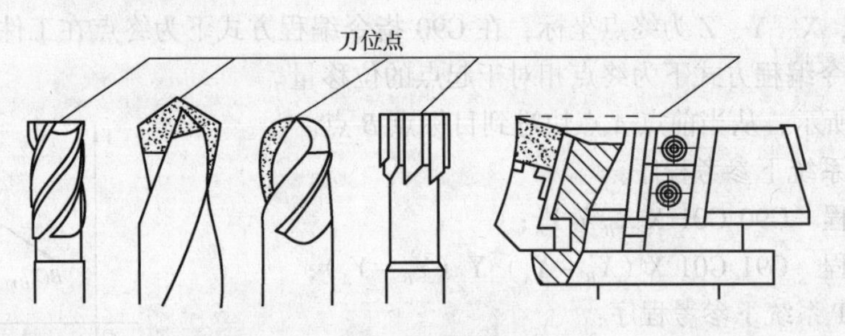

图2-8　刀位点

（3）对刀点的确定　对刀点是工件在机床上定位装夹后，确定刀具与工件相对位置的点，也是确定工件坐标系与机床坐标系位置关系的点。使用G92指令时，对刀点是刀具相对于零件运动的起点，也是数控加工程序的起点，所以也称为起刀点。

（4）换刀点的确定　在使用多种刀具的铣床和加工中心上，需要经常换刀，在加工过程中刀具换刀时的相对位置点称为换刀点。换刀点往往设在工件的外部，以能顺利换刀，不碰撞工件、夹具和机床为原则而定。通常以 Z 向第二参考点为换刀点，但很多机床系统要求编程时按 Z 向第一参考点为换刀点。在加工中心上，与换刀机械手等高的固定位置点为换刀点。

2. 数控铣床（加工中心）机内对刀常用方法

对刀操作分 X、Y 向对刀和 Z 向对刀，对刀的准确程度将直接影响加工精度，因此对刀方法一般要与零件加工精度要求相适应。

根据对刀工具的不同，常用的对刀方法分为：试切法直接对刀、塞尺和块规对刀、寻边器对刀、Z 轴设定器对刀、顶尖对刀法、百分表（或千分表）对刀。

根据选择对刀点位置和数据计算方法的不同，对刀法又可分为单边对刀、双边对刀、转移（间接对刀）等。下面介绍几种最常用的对刀方法。

（1）试切法对刀　用已安装在主轴上的刀具，通过手轮移动工作台，使旋转的刀具与工件表面做微量的接触（产生切屑或摩擦声），以此来对刀的方法称为试切法对刀。这种对刀方法简单方便，但会在工件上留下痕迹，且对刀精度较低，适用于零件粗加工时的对刀操作，其对刀方法与 Z 向测量仪对刀相同。以对刀点（此处与工件坐标系原点重合）在工件表面中心位置为例（采用双边对刀方式），其对刀方法与机械寻边器对刀相同。

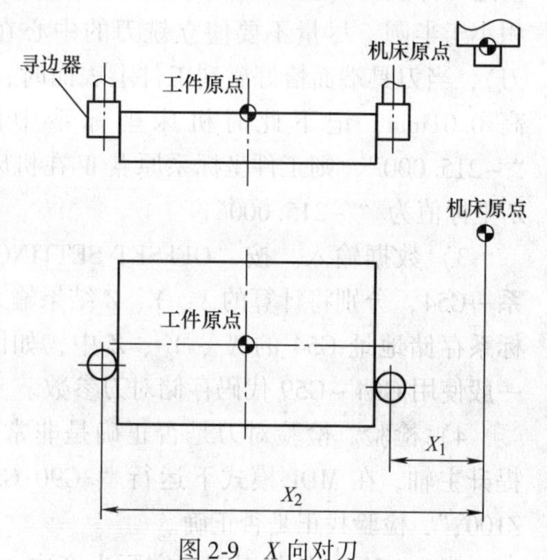

图 2-9　X 向对刀

1）X、Y 向对刀。当工件原点在工件中心时通常采用对称分中法进行对刀，如图 2-9 所示，步骤如下：

① 将工件通过夹具装在工作台上，装夹时，工件的四个侧面都应留出对刀的位置。工件装夹完毕，将刀具装上主轴。

② 在 MDI 模式下输入“S500 M03”并起动，使主轴中速旋转（转速为 500r/min）。

③ 如图 2-9 所示，用“手轮”方式，使刀具快速移动到靠近工件 X 轴正向表面（操作者右侧被测基准面）有一定安全距离的位置，然后改用微调操作（一般用 0.01mm 倍率来靠近），降低移动速度，使刀具侧刃轻微接触到工件右侧表面（观察、听切削声音、看切痕、看切屑，以听到切削刃与工件的摩擦声但没有切屑为准，表示刀具接触到工件）。测量记录（必须按“POS”键）此时机床坐标系中显示的 X 坐标值 X_1。沿 Z 轴正方向退刀，至工件表面以上。用同样的方法使刀具接近工件左侧表面，测量记录此时机床坐标系中显示的 X 坐标值 X_2。

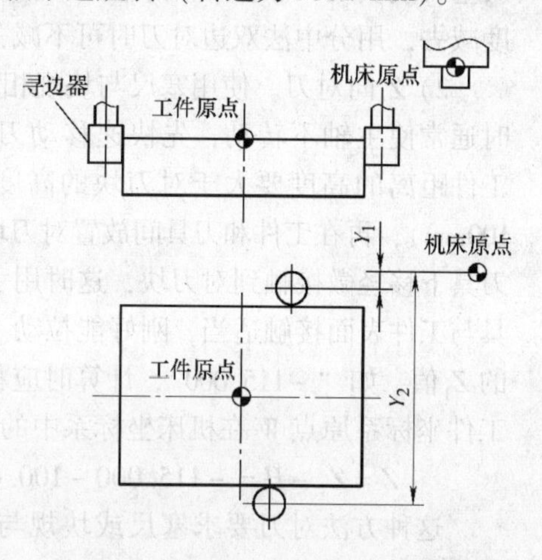

图 2-10　Y 向对刀

④ 如图 2-10 所示，采用同样的方法分别在 Y 轴正向（远离操作者）、负向（正对操作者）表面找正，记录 Y_1、Y_2。

⑤ 计算 $X=(X_1+X_2)/2$，$Y=(Y_1+Y_2)/2$。

2）Z 向机内对刀。Z 向对刀方法主要有 Z 向测量仪对刀、对刀块对刀和试切法对刀等几种。如图 2-11 所示，用试切法进行 Z 向对刀步骤如下：

① 将刀具快速移至工件上方。

② 起动主轴中速旋转，快速移动工作台和主轴，使刀具快速移动到靠近工件上表面的安全位置。

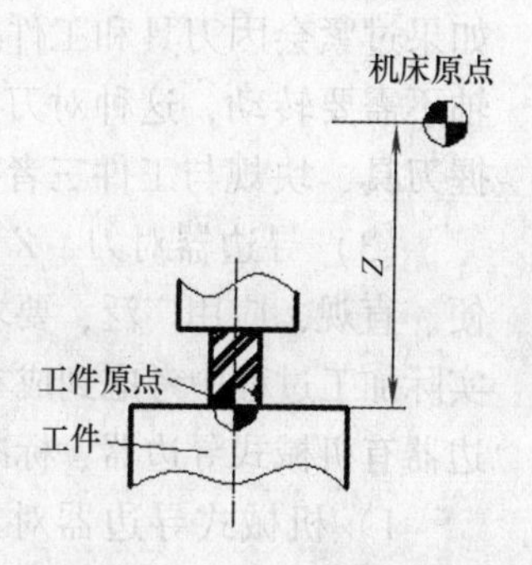

图 2-11　Z 向试切法对刀

③ 然后降低移动速度，改用微调操作（一般用 0.01mm 倍率来靠近），使刀具端面慢慢接近工件表面（注意刀具特别是立铣刀最好在工件边缘下刀，刀的端面接触工件表面的面积小于半圆，尽量不要使立铣刀的中心在工件表面下刀），当刀具端面恰好碰到工件上表面时，将 Z 轴再抬高 0.01mm，记下此时机床坐标系中的 Z 值，如“-215.000”，则工件坐标系原点 W 在机床坐标系中的 Z 坐标值为“-215.000”。

3）数据输入。按“OFFSET SETTING”键→坐标系→G54，分别将计算的 X、Y、Z 结果输入机床工件坐标系存储地址 G54 的 X、Y、Z 中，如图 2-12 所示，一般使用 G54 ~ G59 代码存储对刀参数。

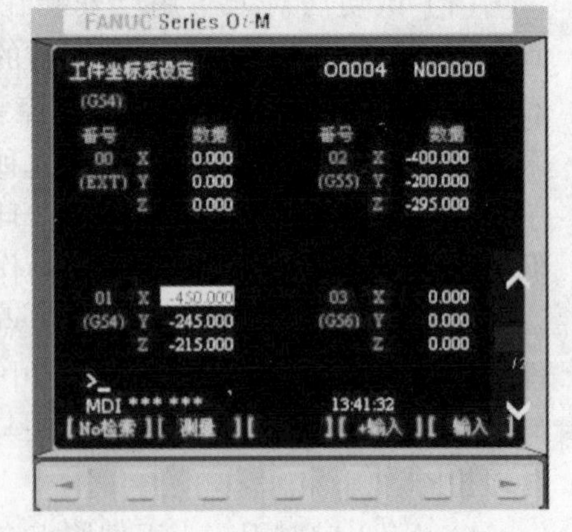

图 2-12 工件坐标系设定示意图

4）检验。检验对刀是否正确是非常关键的一步。提升主轴，在 MDI 模式下运行“G90 G54 G0 X0 Y0 Z100;”，检验找正是否正确。

（2）塞尺、块规对刀　实际生产中，为了避免损伤已加工工件表面，留下刀痕，通常在刀具和工件之间借助塞尺或块规对刀。

1）X、Y 向对刀。对刀方法与试切法相似，只是对刀时主轴不转，在刀具和工件之间加入塞尺或块规，以塞尺恰好能自由抽动为准。计算坐标时，用单边对刀应将塞尺或块规的厚度减去，用分中法双边对刀时可不减去。

2）Z 向对刀。使用塞尺与块规相同，这里以块规为例加以说明，如图 2-13 所示。对刀时通常使主轴不转动，先快速移动刀具到工件上方位置，与工件距离的高度要大于对刀块的高度 H（对刀块一般高度为 100mm），再在工件和刀具间放置对刀块，使用“手脉”小心使刀具下移轻微接触到对刀块，这时用手抽拉块规，感觉其和刀具与工件表面接触适当，刚好能拉动。记下此时机床坐标系中的 Z_1 值，如“-115.000”，计算时应将对刀块的厚度扣除，则工件坐标系原点 W 在机床坐标系中的坐标值为

$$Z = Z_1 - H = -115.000 - 100.000 = -215.000$$

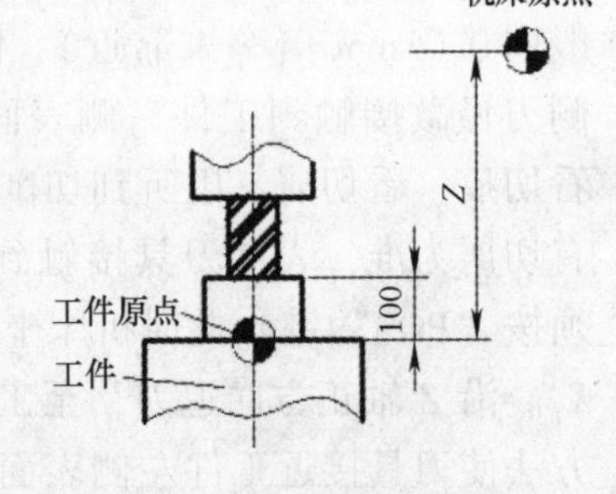

图 2-13 Z 向对刀块对刀示意图

这种方法对刀要求塞尺或块规与刀具和工件的接触不能太松，如果太松会在刀具和工件之间有间隙，也不能过紧，如果过紧会因刀具和工件之间产生较大压力而产生变形，都会造成较大的对刀误差。因为主轴不需要转动，这种对刀方法不会在工件表面留下痕迹，并且完全凭操作者的手感经验来把握刀具、块规与工件三者接触的松紧度，所以对刀精度不够高。

（3）寻边器对刀、Z 轴设定器对刀　使用寻边器、Z 轴设定器对刀，精度较高，操作简便、直观，应用广泛，要求对刀基准面应有较好的表面粗糙度和直线度，以确保对刀精度。在实际加工过程中考虑到成本和加工精度问题，一般选用机械寻边器来进行对刀找正。常用的寻边器有机械式寻边器、标准检验棒、光电式寻边器。图 2-14 所示为机械式和光电式寻边器。

1）机械式寻边器对刀。如图 2-14a 所示，机械式（偏心式）寻边器由上（固定轴）、下（浮动轴）两部分组成，中间用弹簧连接，上部用刀柄夹持，下部在离心力的作用下可

偏心旋转。当浮动轴接触工件，两部分旋转调整到同心时，机床主轴中心距被测表面的距离为浮动轴的半径值。这种对刀方法精度高，无须维护，成本适中。另外还可用来在线监测零件的长度、孔的直径和沟槽的宽度。

使用机械式寻边器时必须注意主轴转速（要求主轴转动即可，可在500r/min左右），避免因转速过高而使寻边器损坏。

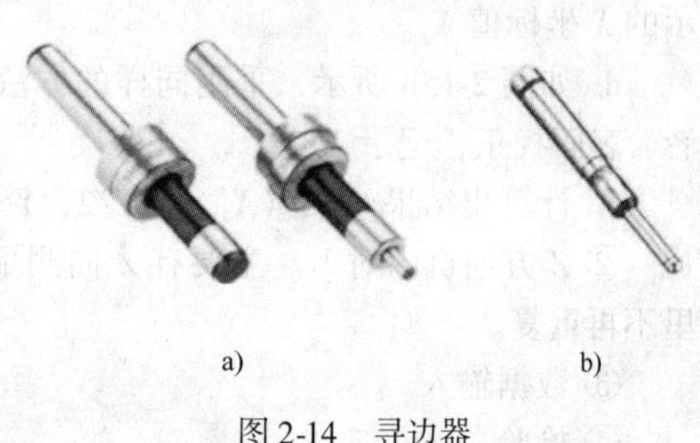

图2-14　寻边器
a）机械式寻边器　b）光电式寻边器

① X、Y向对刀。假设工件原点在工件中心，采用对称分中法对刀，如图2-15所示，其步骤如下：

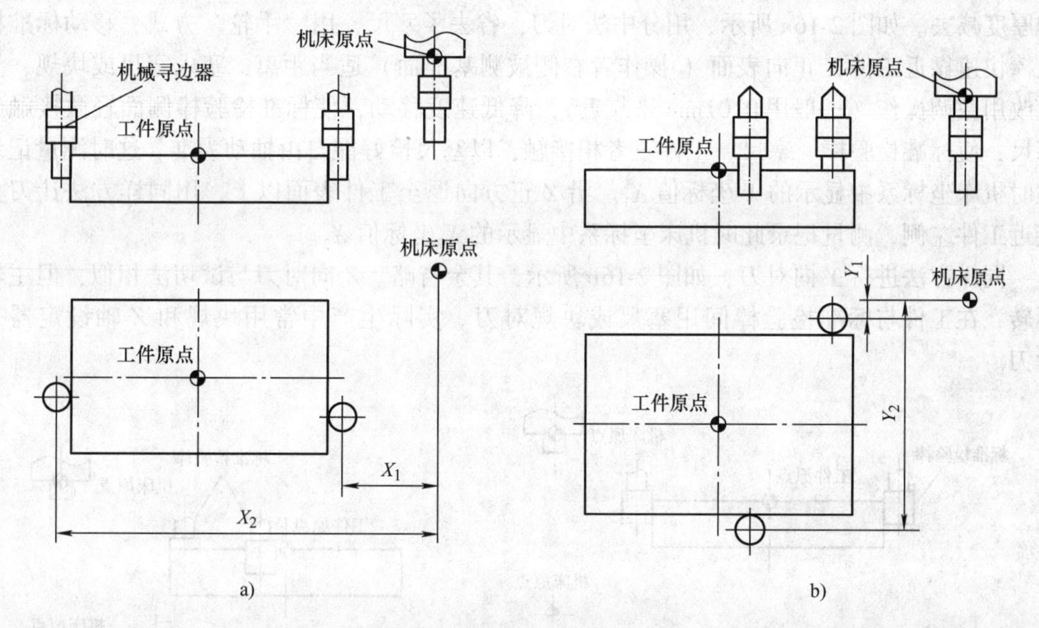

图2-15　机械式寻边器对刀示意图
a）X向对刀　b）Y向对刀

a. 和试切法一样夹好工件，使工件的四个侧面都应留出对刀的位置，将机械式寻边器用夹具夹在主轴上。

b. 在MDI模式下输入“S500 M03;”并起动主轴，使主轴中速旋转（转速为500r/min）。

c. 当寻边器转动平稳时，如图2-15a所示，用“手轮”方式，使机械式寻边器快速移动到靠近工件X正向表面（操作者右侧被测基准面）有一定安全距离的位置，然后改用微调操作（一般用0.01mm来靠近），降低速度移动，使机械式寻边器侧刃轻微接触到工件左侧表面，仔细观察寻边器转动情况，当寻边器下半部突然失去平衡发生摆动时，说明其接触到工件，这时再次移动寻边器离开工件较小距离（约1～2mm），待其转动平稳，微调操作改用0.001mm，继续靠近工件，当看到寻边器下半部有轻微摆动时，说明寻边器再次接触到工件。这时（必须按“POS”键）测量记录此时机床坐标系中显示的X坐标值X_1。沿Z正方向退至工件表面以上，用同样方法使刀具接近工件左侧，测量记录此时机床坐标系中显

示的 X 坐标值 X_2。

d. 如图 2-15b 所示，采用同样的方法分别在 Y 正向（远离操作者）、负向（靠近操作者）表面找正，记录 Y_1、Y_2。

e. 计算出结果。$X=(X_1+X_2)/2$，$Y=(Y_1+Y_2)/2$。

② Z 方向机内对刀。主要有 Z 向测量仪对刀、块规对刀和试切法对刀等几种方法。这里不再重复。

③ 数据输入。

④ 检验。

2）标准检验棒对刀。结构简单，成本低，找正精度不高。

X、Y 向对刀方法与寻边器相同，只是对刀时主轴不转。为了避免标准检验棒磨损，通常在标准检验棒和工件之间加入塞尺或块规对刀，计算坐标时，用单边对刀应将塞尺或块规的厚度减去。如图 2-16a 所示，用分中法对刀，省去了塞尺，用“手轮”方式，移动标准检验棒快速靠近工件 X 正向表面（操作者右侧被测基准面）适当距离，塞入塞尺或块规，然后改用微调操作（一般用 0.01mm 来靠近），降低速度移动，使标准检验棒侧面轻微接触到塞尺，使标准检验棒、塞尺、工件三者相接触，以塞尺恰好能自由抽动为准。这时测量记录此时机床坐标系中显示的 X 坐标值 X_1。沿 Z 正方向退至工件表面以上，用同样方法让刀具接近工件左侧，测量记录此时机床坐标系中显示的 X 坐标值 X_2。

同样方法进行 Y 向对刀，如图 2-16b 所示，其余省略。Z 向对刀与试切法相似，但主轴不转，在工件与标准检验棒间用塞尺或块规对刀。实际生产中常用块规和 Z 轴设定器来对刀。

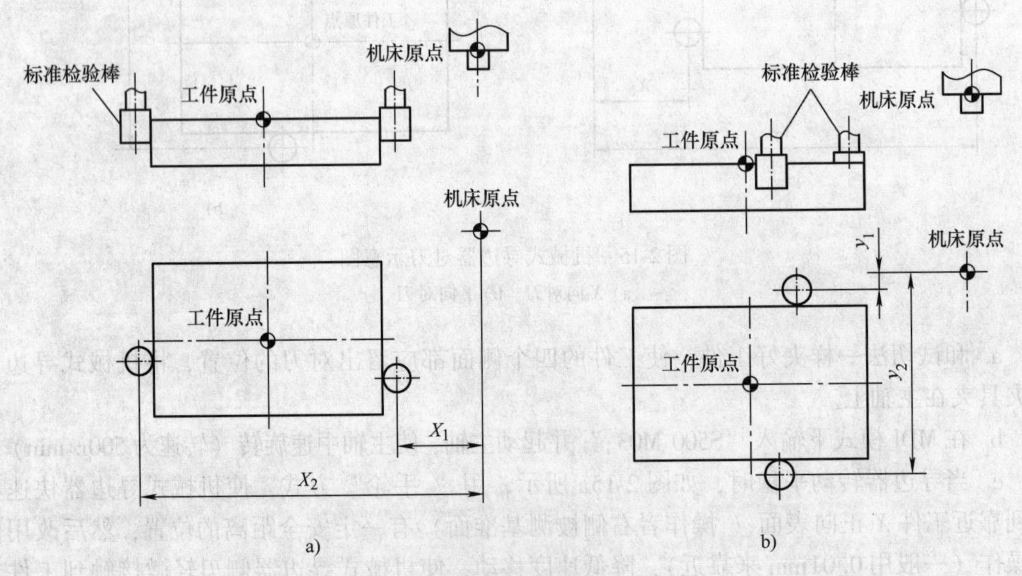

图 2-16　标准检验棒对刀示意图

a）X 向对刀　b）Y 向对刀

3）Z 轴设定器对刀。Z 轴设定器主要用于测量工件坐标系原点在机床坐标系的 Z 坐标，或者说是确定刀具在机床坐标系中的高度。Z 轴设定器有光电式（电子式）和指针式（机械式）等类型，通过光电显示或指针指示来判断刀具与对刀器是否接触，对刀精度高，一

般可达 0.005mm。Z 轴设定器带有磁性表座，可以牢固地吸附在工件或夹具上。Z 轴设定器高度一般为 50mm 或 100mm，如图 2-17 所示。

a)　　　　　　b)

图 2-17　Z 轴设定器

a）指针式　b）光电式

Z 轴设定器的使用方法如下：

① 将待对刀具装在主轴上，将 Z 轴设定器附着在已装夹好的工件或夹具平面上。

② 快速移动工作台和主轴，使刀具端面靠近 Z 轴设定器上表面。

③ 改用微调操作，使刀具端面慢慢接触到 Z 轴设定器上表面，直到 Z 轴设定器指示灯亮或指针指示到零位。

④ 记录此时机床坐标系中的 Z_1 值。

⑤ 工件坐标系原点在机床坐标系中的 Z 坐标值为 Z_1-h（Z 轴设定器高度）。

⑥ 将此值输入。按"OFFSETSETTING"键→ 坐标系→G54 的 Z 项中。

⑦ 运行"G90 G54 G0 X0 Y0 Z100;"，检查找正是否正确。

4）加工中心多刀加工时 Z 向对刀和长度补偿。

【方法一】

① X、Y 方向找正设定如前，将 G54 中的 X、Y 项输入偏置值，Z 项值置零。

② 将用于加工的刀具 T01 装上主轴，用 Z 向设定器对刀，记录当前机床坐标系 Z 项值 Z_1，计算 Z_1-h（Z 轴设定器高度），将结果填入刀具 T01 的长度补偿值 H01 中。

③ 将刀具 T02 装上主轴，用 Z 向设定器对刀，读取 Z_2，计算 Z_2-h（Z 向设定器高度），将结果填入 H02 中。

④ 依此类推将所有刀具 Ti 用 Z 向设定器对刀，将 Z_i 减去 Z 向设定器高度后填入 Hi 中。

⑤ 编程时，采用如下方法补偿。

```
G91 G28 Z0;
T01 M06;
G43 H01;
G90 G54 G00 X0 Y0 Z100;
…(1 号刀加工内容)
G49 G00 Z105;
G91 G28 Z0;
T02 M06;
G43 H02
G90 G54 G00 X0 Y0 Z100;
…(2 号刀加工内容)
G49 G00 Z105;
…M05;
M30;
```

⑥ 检查多刀找正结果。

对刀后，在运行程序前要进行对刀结果验证，通常设定工件原点上方 100mm 处为目标点。检查 X、Y 向每把刀具能否准确到达工件原点，Z 向每把刀具能否准确到达 100mm 高度。如果某一把刀具不能准确到达该点，则要重新对刀。

```
G91 G28 Z0;
T01 M06;
G43 H01;
G90 G54 G0 X0 Y0 Z100;
G49 Z105;
M01;
```

根据刀具数量，分别编写相应类似程序段，对每把刀具逐一进行验证。

【方法二】

① 事先在刀具测量仪上测量并记录刀具（连刀柄）长度 h_1、h_2、h_3 等。

② 对刀时在上述刀具中选择一把（Ti），将其装上主轴（通常选择面铣刀）。

③ 移动 Z 向位置，用 Z 向设定器对刀，记录当前机床坐标系中的 Z 向值读数 Z_1。

④ 将 $Z_1 - h$（Z 向设定器高度）$- h_i$（Ti 的长度），将计算结果填入 G54 的 Z 项中。

⑤ 将各刀长度 h_1、h_2、h_3 等分别填入机床长度补偿存储器 H01、H02、H03 等中。

⑥ 编程方法及刀具长度补偿调用格式同前文所述。

对刀方法一简便，无须购买额外设备，但当加工程序刀具较多时，稍显麻烦，每次更换零件需要多次重复对刀。对刀方法一的工件坐标系原点为工件中心正上方，当长度补偿取消后相对安全。对刀方法二工件坐标系原点位于工件上表面与主轴底端紧贴时的位置，当长度补偿取消后存在潜在危险。

(4) 顶尖对刀法

1）X、Y 向对刀。

① 将工件通过夹具装在机床工作台上，将顶尖装在主轴上。

② 快速移动工作台和主轴，使顶尖移动到靠近工件的上方，寻找工件划线的中心点，降低速度移动使顶尖接近它。

③ 改用微调操作，使顶尖慢慢接近工件划线的中心点，直到顶尖尖点对准工件划线的中心点，记下此时机床坐标系中的 X、Y 坐标值。

2）Z 向对刀。卸下顶尖，装上铣刀，用其他对刀方法如试切法、塞尺法等得到 Z 坐标值。

(5) 百分表（或千分表）对刀法　该方法一般用于圆形工件的对刀，如图 2-18 所示。

1）X、Y 向对刀。如图 2-18 所示，将百分表的安装杆装在刀柄上，或将百分表的磁性表座吸在主轴套筒上，移动工作台使主轴轴线（即刀具中心）大约移到工件中心，调节磁性座上伸缩杆的长度和角度，使百分表的测头接触工件的圆周面（指针转动约

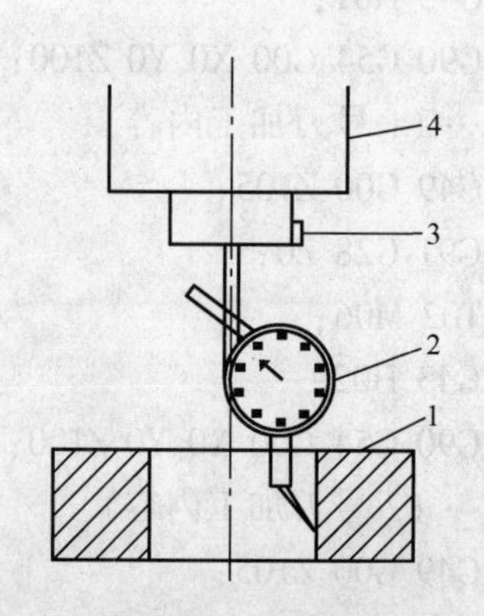

图 2-18　百分表（或千分表）对刀法
1—工件　2—百分表　3—磁性表座　4—主轴

0.1mm)，用手慢慢转动主轴，使百分表的测头沿着工件的圆周面转动，观察百分表指针的偏移情况。慢慢移动工作台的 X 轴和 Y 轴，多次反复后，待转动主轴时百分表的指针基本在同一位置（表头转动一周时，其指针的跳动量在允许的对刀误差内，如0.02mm)，这时可认为主轴的中心就是 X 轴和 Y 轴的原点。

2）Z 向对刀。卸下百分表装上铣刀，用其他对刀方法如试切法、塞尺法等得到 Z 轴坐标值。

3. 常见的机外对刀法（用对刀仪器对刀）

机外对刀法是先将刀具在刀柄上装好，在机床外利用对刀仪精确测量每一把刀具的轴向和径向尺寸，确定每一把刀具的长度补偿值，然后在机床上用其中最长或最短的一把刀具进行 Z 向和径向对刀，确定工件坐标系。由于加工中心使用多把刀具，通常采用机外对刀仪实现对刀，达到高精度、高效率的目的。

对刀仪的基本结构如图2-19所示。对刀仪平台7上装有刀柄夹持轴2，用于安装被测刀具，通过快速移动单键按钮4和微调旋钮5或6，可调整刀柄夹持轴在对刀仪平台上的位置。当光源发射器8发光，将刀具切削刃放大投影到显示屏幕1上时，即可测得刀具 X 向尺寸（径向尺寸）、Z 向尺寸（刀柄基准面到刀尖的长度尺寸）。如图2-20所示钻削刀具，其对刀操作过程如下：

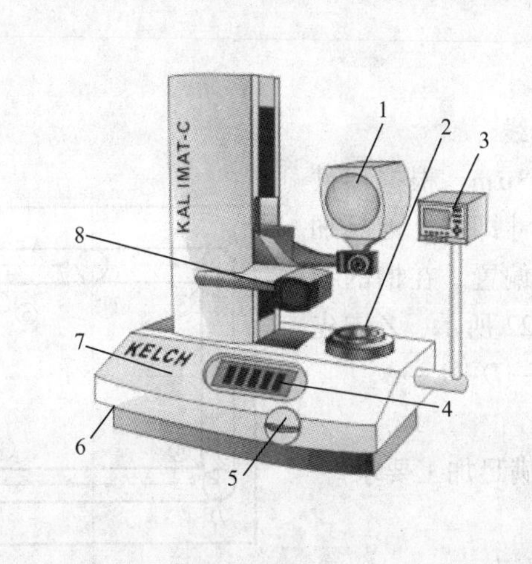

图2-19　对刀仪的基本结构

1—屏幕　2—刀柄夹持轴　3—操作面板
4—快速移动单键按钮　5、6—微调旋钮
7—对刀仪平台　8—光源发射器

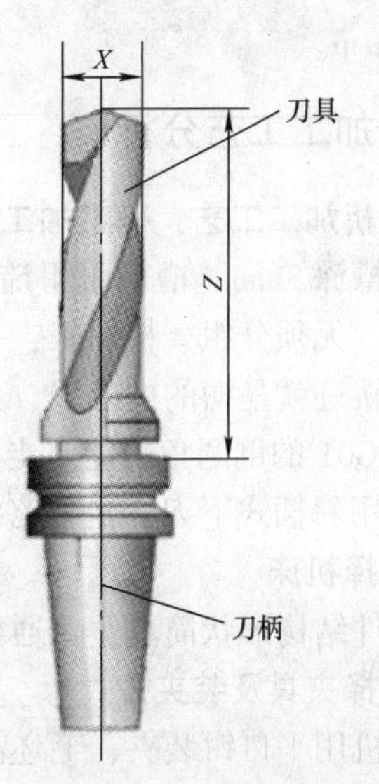

图2-20　钻削刀具对刀

1）将被测刀具与刀柄连接安装为一体。

2）将刀柄插入对刀仪上的刀柄夹持轴2（图2-16），并紧固。

3）打开光源发射器8，观察切削刃在显示屏幕1上的投影。

4）通过快速移动单键按钮4和微调旋钮5或6，调整切削刃在显示屏幕1上的投影位置，使刀具的刀尖对准显示屏幕1上的十字线中心，如图2-21所示。

5）测得 X 为20，即刀具直径为 ϕ20mm，该尺寸可用作刀具半径补偿。

6）测得 Z 为 180.002，即刀具长度尺寸为 180.002mm，该尺寸可用作刀具长度补偿。

7）将测得尺寸输入加工中心的刀具补偿页面。

8）将被测刀具从对刀仪上取下后，即可装上加工中心使用。

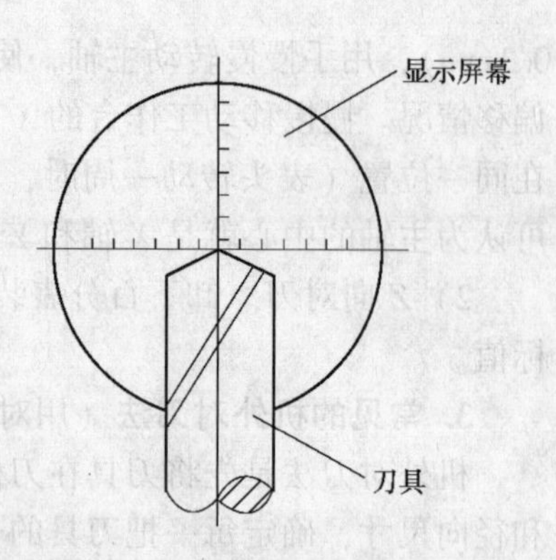

图 2-21　显示屏幕显示的对刀状态

4. 注意事项及解决措施

1）对刀操作以前，必须先执行机床回参考点操作，否则会出现危险情况。

2）计算必须准确。

3）用 G54 设定工件坐标系，应在 MDI 方式下进行。

4）使用对刀程序，可以防止由于对刀不准确等原因出现危险。

【任务实施】

一、零件图分析

该零件加工内容主要为长方形直线沟槽加工，槽宽 8mm，槽深 2mm，槽表面粗糙度值 Ra 为 6.3μm。

二、加工工艺分析

1. 分析加工工艺，确定加工顺序及走刀路线

由于槽深 3mm，槽表面粗糙度值 Ra 为 6.3μm，根据零件图样分析，无须分粗、精加工，一次铣削至尺寸即可。刀具加工槽时的轨迹就是槽的中心线，无须刀具半径偏置。在槽的拐角处运用 G01 的倒圆角功能。走刀路线如图 2-22 所示，Z 向先从 A 点采用斜插式下刀，走刀路线为 $A \to B \to C \to D \to E \to B$。

图 2-22　走刀路线

2. 选择机床

因工件结构形状简单，普通数控铣床即可满足加工要求。

3. 选择夹具及装夹方式

采用机用平口钳装夹，毛坯高出钳口 10mm 左右。

4. 选择刀具

选用 ϕ8mm 立铣刀，材料为高速工具钢。

由于该零件只用一把刀具，一次铣削至尺寸，因此省略刀具卡和工艺卡。

三、程序编制（表 2-2）

表 2-2　线沟槽加工程序

程序内容	说　明
O0030；	程序名
G28 G91 Z0；	返回 Z 轴参考点

（续）

程序内容	说　明
M06 T01；	换1号刀具（ϕ8mm立铣刀）
G54 G90 G00 Y26.0 X0；	建立工件坐标系，采用绝对坐标值编程，快速点定位至点$A(0,26)$
G00 Z100；	快速点定位至$Z=100$
M03 S800；	主轴正转，转速为800r/min
M08；	切削液开
Z5.0；	快进至$Z=5$
G01 X31. Z-3.0 F40；	直线插补至B点，进给量为40mm/min
Y-31.0；	直线插补至C点
X-31.0 Y-26.0；	直线插补至D点
Y26.0；	直线插补至E点
X31.0；	直线插补至B点
Z5.0；	抬刀$Z=5$
G00　Z100；	快速退刀至$Z=100$
M09；	切削液关
M05；	主轴停转
M30；	程序结束

四、零件仿真（数控铣床）加工

1. 仿真加工

启动软件→选择机床与数控系统→激活机床→回零→设置工件→毛坯→选择刀具并安装→输入程序→对刀→单段执行→自动加工。

2. 数控铣床加工

普通铣床加工零件毛坯至图样尺寸→数控铣床开机→回零→程序输入与编辑→程序调试（锁定机床空运行→单步执行→图形模拟）→找正装夹工件（机用平口钳）→对刀（建立工件坐标系）→自动运行程序。

【任务评价】

任务评价项目见表2-3。

表2-3　任务评价项目

项　目	序号	技能要求	配　分	得　分
工艺分析与程序编制（45%）	1	零件加工工艺	10分	
	2	刀具卡	5分	
	3	工序卡	5分	
	4	加工程序	25分	
仿真与机床操作（35%）	5	仿真系统（机床）基本操作	20分	
	6	仿真工件（零件）与尺寸	15分	
职业能力（5%）	7	学习及操作态度	5分	
文明生产（15%）	8	文明操作及团队协作	15分	
总　计				

任务二　圆弧沟槽的加工

【任务目标】

一、任务描述

如图 2-23 所示，零件材料为 45 钢，毛坯尺寸为 58mm×70mm×20mm，使用加工中心加工 S 形槽，单件生产，编写程序，运用 YH 软件仿真加工。

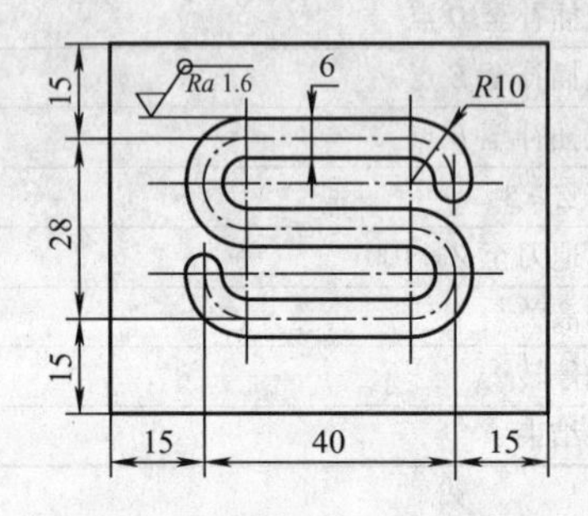

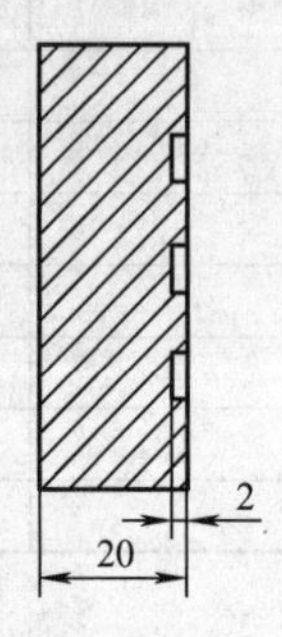

图 2-23　S 形槽零件

二、学习目标

1）熟练掌握 G01、G02、G03、G17、G18、G19 指令。

2）掌握简单零件的加工方法。

三、技能目标

1）熟练掌握对刀方法。

2）会制订圆弧沟槽铣削的工艺。

3）掌握圆弧沟槽的加工方法。

【知识链接】

一、坐标平面选择指令 G17、G18、G19

1. 格式

G17；

G18；

G19；

2. 说明

1）使用 G17、G18、G19 指令可选择一个加工平面，如图 2-24 所示，在此平面中进行圆弧插补和刀具半径补偿。其中，使用 G17 指令选择 *XY* 平面，用 G18 指令选择 *ZX* 平面，用 G19 指令选择 *YZ* 平面。通常情况下，数控系统默认在 *XY* 平面加工，因此 G17 可省略，

但当在 *ZX*（G18）平面和 *YZ*（G19）平面上加工时，平面选择代码不可省略。

2）移动指令与平面选择无关。例如在执行“G17 Z _”程序段时，*Z* 轴仍会移动。

3）G17、G18、G19 为模态代码，可相互注销。

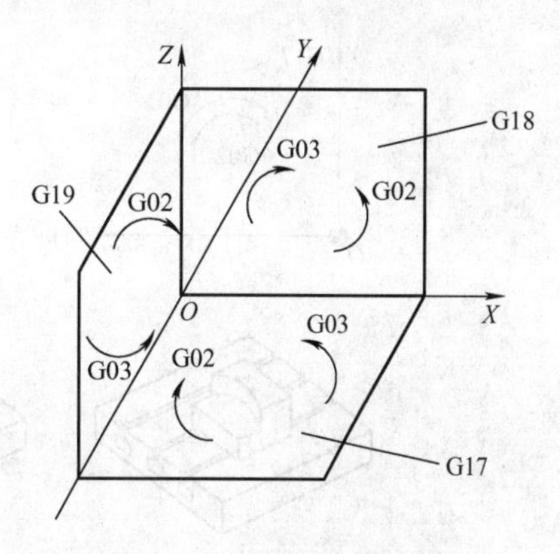

图 2-24　坐标平面选择指令

二、圆弧插补指令 G02、G03

1. 顺时针方向圆弧插补指令 G02、逆时针方向圆弧插补指令 G03

（1）格式

$$\begin{Bmatrix}\mathrm{G17}\\ \mathrm{G18}\\ \mathrm{G19}\end{Bmatrix}\begin{Bmatrix}\mathrm{G02}\\ \mathrm{G03}\end{Bmatrix}\begin{Bmatrix}X\_\ Y\_\\ X\_\ Z\_\\ Y\_\ Z\_\end{Bmatrix}\begin{Bmatrix}I\_\ J\_\\ I\_\ K\_\\ J\_\ K\_\end{Bmatrix}\ F\_;$$

或

$$\begin{Bmatrix}\mathrm{G17}\\ \mathrm{G18}\\ \mathrm{G19}\end{Bmatrix}\begin{Bmatrix}\mathrm{G02}\\ \mathrm{G03}\end{Bmatrix}\begin{Bmatrix}X\_\ Y\_\\ X\_\ Z\_\\ Y\_\ Z\_\end{Bmatrix}R\_\ F\_;$$

（2）说明

1）I、J、K 分别表示 *X*、*Y*、*Z* 轴上圆心坐标与圆弧起点坐标的差值，如图 2-25 所示。某项为零时可以省略。

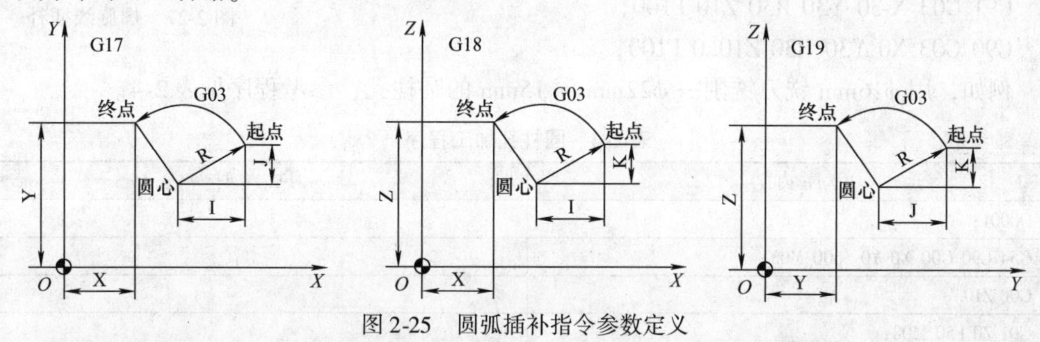

图 2-25　圆弧插补指令参数定义

2）当圆弧圆心角小于或等于 180°时，R 为正值；当圆弧圆心角大于 180°时，R 为负值。

3）整圆编程时不可以使用 R，只能用 I、J、K。

4）F 为编程的两个轴的合成进给速度。

2. G02/G03 的判断

G02 为顺时针方向圆弧插补指令，G03 为逆时针方向圆弧插补指令。沿着垂直于圆弧加工平面的坐标轴的负方向看加工平面，插补方向顺时针方向为 G02，逆时针方向为 G03，如图 2-26 所示。

3. 三坐标联动 G02/ G03 实现空间螺旋线进给

功能：在原 G02、G03 指令格式程序段后再增加一个与加工平面相垂直的坐标轴移动指令，这样在进行圆弧进给的同时还进行第三轴方向的进给，其合成轨迹就是一条空间螺旋线。

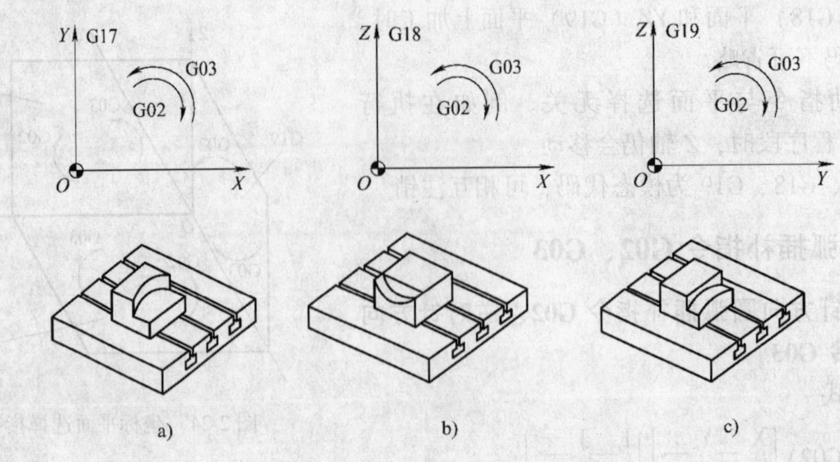

图 2-26　不同平面的 G02/G03 的选择

a) *XY* 平面插补　b) *XZ* 平面插补　c) *YZ* 平面插补

格式：G17　G02（G03）X＿Y＿R＿Z＿F＿；

或　G18　G02（G03）　X＿Z＿R＿Y＿F＿；

　　G19　G02（G03）Y＿Z＿R＿X＿F＿；

即 X 、Y 、Z 为投影圆弧终点，其中第三坐标是与选定平面垂直的轴移动终点。

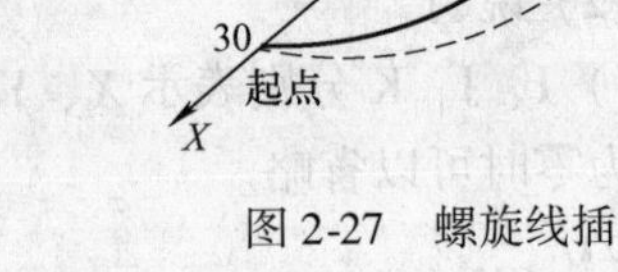

图 2-27　螺旋线插补

图 2-27 所示为从起点运动到终点的轨迹，程序段如下：

G91 G03 X-30 Y30 R30 Z10 F100；

或　G90 G03 X0 Y30 R30 Z10. 0 F100；

例如，用 ϕ16mm 铣刀铣削一 ϕ22mm 深 15mm 的圆柱孔，参考程序见表 2-4。

表 2-4　圆柱孔加工程序

程序内容	说　明
O0001；	
G54 G90 G00 X0 Y0 S600 M03；	
G00 Z10. ；	
G01 Z0 F50 M08；	
X11. F100；	到圆弧起点
G02 Z-3. I-11. L5；	螺旋线插补每层 3mm
G02 I-11. ；	底层修平
G01 X0 M09；	回到圆心
G00 Z10. M05；	
M30；	

【任务实施】

一、零件图分析

本任务是加工 S 形槽，该槽由两段顺时针方向圆弧、两段逆时针方向圆弧和三段直线连

接而成，图形结构比较简单，槽的表面粗糙度值 Ra 为 1.6μm，要求适中。

二、加工工艺分析

1. 分析加工工艺，确定加工工序及走刀路线

选择左下角为工件原点。从 B 点开始下刀，采用螺旋下刀切入工件，走刀路线为 $B \to A \to B \to C \to D \to E \to F \to G \to H$，如图 2-28 所示。

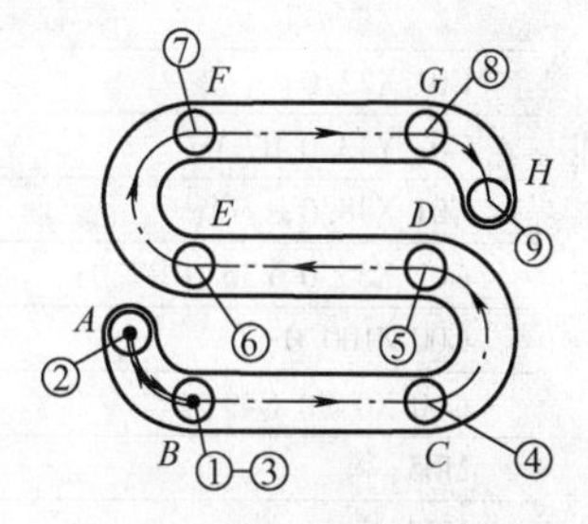

图 2-28　走刀路线

2. 各基点的坐标

计算各基点坐标，见表 2-5。

表 2-5　基点坐标

基　点	X	Y	基　点	X	Y
A	15	22	E	22	29
B	22	15	F	22	43
C	48	15	G	48	43
D	48	29	H	55	36

3. 选择机床

因工件结构形状简单，选择普通数控铣床即可满足加工要求。

4. 选择夹具及装夹方式

毛坯形状规整，采用机用平口钳装夹，毛坯高出钳口 5mm 左右。

5. 选择刀具

为减少刀具，直接用立铣刀一次铣削至尺寸，选用 ϕ6mm 的立铣刀。

由于该零件只用一把刀具，因此省略刀具卡和工序卡，切削用量见程序。

三、程序编制（表 2-6）

表 2-6　S 形槽加工程序

程序内容	说　明
O0021;	程序名
G90 G54 G00 X0 Y0;	建立工件坐标系
M06 T0101;	选择 1 号刀具
M03 S800;	主轴正转，转速为 800r/min
G43 G00 Z100 H01;	建立刀具长度补偿
M08;	切削液开
G00 X22.0 Y15.0	快速点定位到下刀点上方
Z3.0;	快进到安全平面
G01 Z0 F40;	工进到加工表面 B 点正上方
G02 X15.0 Y22.0 Z-2.0 I7.0 J-7.0;	螺旋线切入工件表面，加工圆弧至 A 点
G03 X22.0 Y15.0 R17.0;	逆时针方向圆弧插补至 B 点
G01 X48.0;	直线插补至 C 点
G03 X48.0 Y29.0 R7.0;	逆时针方向圆弧插补至 D 点

（续）

程序内容	说明
G01 X22.0；	直线插补至 E 点
G02 Y43.0 R7.0；	顺时针方向圆弧插补至 F 点
G01 X48.0；	直线插补至 G 点
G02 X55.0 Y36.0 R7.0；	顺时针方向圆弧插补至 H 点
G00 Z100.0；	抬刀至工件表面上方 100mm 处
G00 X0 Y0 G49；	刀具快退到零点，取消刀具补偿
M05；	主轴停转
M30；	程序结束

四、零件的仿真加工

1. 仿真加工

启动软件→选择机床与数控系统→激活机床→回零→设置工件→毛坯→选择刀具并安装→输入程序→对刀→单段执行→自动加工。

2. 数控铣床加工工件

普通铣床加工零件毛坯至图样尺寸→数控铣床开机→回零→程序输入与编辑→程序调试（锁定机床空运行→单步执行→图形模拟）→找正装夹工件（机用平口钳）→对刀（建立工件坐标系）→自动运行程序。

【任务评价】

任务评价项目见表 2-7。

表 2-7 任务评价项目

项目	序号	技能要求	配分	得分
工艺分析与程序编制（45%）	1	零件加工工艺	10 分	
	2	刀具卡	5 分	
	3	工序卡	5 分	
	4	加工程序	25 分	
仿真与机床操作（35%）	5	仿真系统（机床）基本操作	20 分	
	6	仿真工件（零件）与尺寸	15 分	
职业能力（5%）	7	学习及操作态度	5 分	
文明生产（15%）	8	文明操作及团队协作	15 分	
总计				

任务三 综合沟槽的加工

【任务目标】

一、任务描述

加工图 2-29 所示的平面凸轮槽，毛坯为 80mm × 80mm × 26mm 板材，六面均已粗加工过，

且已完成$\phi20^{+0.025}_{0}$mm孔和$4\times\phi8$mm通孔的加工，工件材料为45钢，试编写加工程序。

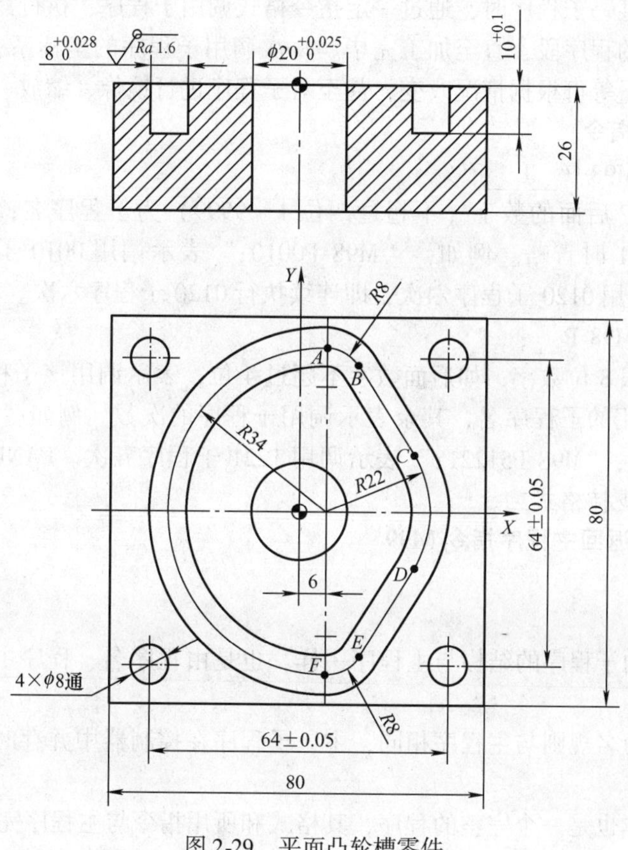

图2-29　平面凸轮槽零件

二、学习目标

1）熟练掌握G01、G02、G03、G17、G18、G19指令。

2）掌握简单零件的加工方法。

三、技能目标

1）熟练掌握对刀方法。

2）会制订综合沟槽铣削的工艺。

3）掌握综合沟槽的加工方法。

【知识链接】

一、子程序

在数控铣床或加工中心上加工零件过程中，常会出现一次装夹加工多个相同零件或一个零件有多个完全相同的加工轨迹，需要顺次加工，这样在编制数控加工程序时，会重复出现一连串在写法上相同或相似的程序段，使程序冗长。为简化程序，在编程中将固定顺序和固定模式的程序段单独编制成子程序，并存放在子程序存储器中，供主程序调用。在执行主程序过程中，当需要某一子程序时，通过一定指令格式调用子程序，执行完子程序后返回主程序，继续执行后面的程序段，直至加工完毕。每次调用子程序的坐标系、刀具半径补偿值、坐标位置、切削用量等可根据情况改变，甚至对子程序进行镜像、缩放、旋转等。

1. 子程序调用指令

（1）格式一　M98 P _L _；

格式中，地址 P 后面的数字（不超过四位 1 ~ 9999）为子程序名；L 为重复调用次数（1 ~ 9999）次数为 1 时省略。例如，“M98 P0010；”表示调用 0010 子程序一次；“M98 P0120 L6；”表示调用 0120 子程序六次，即连续执行 0120 子程序六次。

（2）格式二　M98 P _；

P 后面最多可跟 8 位数字，如后面数字不超过 4 位，表示调用该子程序一次；如超过 4 位，后 4 位为被调用的子程序名，其余表示调用子程序的次数。例如“M98 P22；”表示调用 0022 子程序一次；“M98 P51221；”表示调用 1221 子程序五次。FANUC 0i MATE 系统数控铣床和加工中心支持格式二。

2. 子程序结束返回主程序指令 M99

格式：M99；

3. 说明

1）一个完整的子程序的结构与主程序一样，也是由程序名、程序主体、程序结束指令组成，见表 2-8。

2）子程序的命名规则与主程序相同，主、子程序在控制器中并存时，必须由不同的程序名加以区别。

3）子程序主体也是一个完整的程序，其格式和所用指令与主程序完全相同。

4）子程序的结束指令作用是执行该指令后终止子程序，并且返回到主程序中调用子程序所在程序段的下一个程序段，其指令字随数控系统不同而有所变化，如 FANUC 系统使用 M99，SINUMERIK 系统使用 M17，而美国 AB 公司的系统使用 M02 等。

5）在子程序中常使用 G91 模式，如果使用 G90 模式将会使刀具在同一位置加工，因此要想在不同的位置加工相同形状，就要依次更换工件坐标系后再调用子程序。

6）由于主程序使用 G90 模式，子程序使用 G91 模式，主程序中调用子程序的下一个程序段必须重新指定 G90，否则会出差错。

7）在刀具半径补偿模式中的程序不能分支，否则会出现两个连续的没有 XY 平面内移动的程序段，当该程序段被执行时，可能出现过切现象。

子程序调用举例见表 2-8。

表 2-8　子程序调用举例

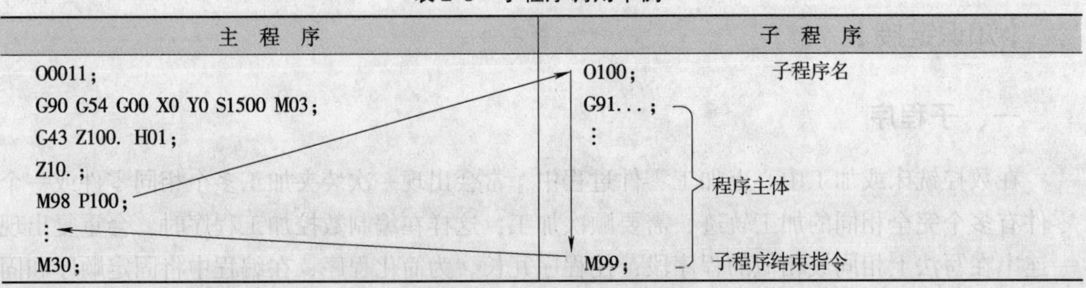

主 程 序	子 程 序	
O0011；	O100；	子程序名
G90 G54 G00 X0 Y0 S1500 M03；	G91...；	程序主体
G43 Z100. H01；	⋮	
Z10.；		
M98 P100；		
⋮		
M30；	M99；	子程序结束指令

4. 子程序的嵌套

为了使程序进一步简化，可以用子程序调用另一个子程序，称为子程序嵌套。子程序最多可嵌套四级，如图 2-30 所示。

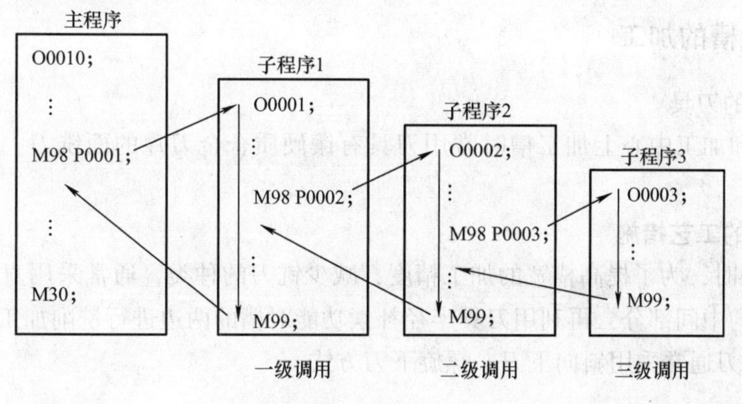

图 2-30　子程序嵌套

5. 其他编程技巧

当 M99 在主程序中出现时，程序将会返回主程序头。例如在主程序中加入“/M99;”，当选择跳段开关（机床操作面板上的按键）关闭（置 OFF）时，主程序执行 M99 并返回程序头重新开始运行。当选择跳段开关有效（置 ON）时，子程序跳过 M99 所在程序段，继续执行后面的程序。如果使用格式“/M99 P *n*;”，执行此格式的程序段后，程序不是返回到主程序的头，而是跳转到 P 指定的第 *n* 个程序段，见表 2-9。

表 2-9　M99 的编程技巧应用

O0030; N10 …; N20 …;　OFF N30 …; N40 …; /N50 M99;　ON N60 …; N70 M30;	O0030; N10 …; N20 …; N30 …; N40 …;　OFF /N50 M99 P30;　ON N60 …; N70 M30;

6. 子程序的应用

1）当一次装夹多个相同零件或一个零件中有多处形状相同、加工轨迹相同时使用子程序。

2）当轮廓加工需要多次径向加工，即粗加工→半精加工→精加工时，为简化程序，可采用子程序来编程。

3）在不同 *Z* 向深度的轮廓加工中使用子程序。

4）环形槽铣削。

例如 FANUC 系统编程，子程序如下：

G91 G03 Z-1 I-17 F0.3；铣环形槽

M99；

程序中X和Y坐标被省略，这是因为此处加工的是一个整圆，刀具又回到了起始位置，所以X和Y在这里可以省略，和G91没有关系。即使用G90方式加工此圆，同样可以把G90省略，只是铣到-1的位置时不再向下铣削而已。

二、曲线槽的加工

1. 加工槽的刀具

数控铣床和加工中心上加工槽时常用刀具有镶硬质合金刀片的面铣刀、立铣刀、键槽铣刀。

2. 加工槽的工艺措施

1）加工槽时，为了提高槽宽的加工精度，减少铣刀的种类，通常采用直径比槽宽小的铣刀，先铣槽的中间部分，再利用刀具半径补偿功能对槽的两边进行铣削加工。

2）*Z*向下刀通常采用斜向下刀、螺旋下刀方式。

三、常用数控铣刀的要求、类型及其正确选用

数控铣床（加工中心）在现代装备制造中发挥着越来越重要的作用，在利用数控铣床（加工中心）加工的过程中，合理地选择刀具是一件很重要的事，能否正确地选择刀具决定着零件的质量、加工效率、加工成本等。数控铣床（加工中心）切削加工具有高速、高效的特点，铣削刀具的刚度、强度、耐磨性和安装调整方法都会直接影响切削加工的工作效率，刀具装夹的稳定性、尺寸精度也会直接影响加工精度及零件表面质量。因此，合理选用切削刀具也是数控加工编程中必做的重要工作之一。

1. 数控铣削加工对刀具的要求

在铣削过程中，刀具切削部分承受较大的切削力、较高的切削温度及剧烈摩擦力，而且多刃铣刀的加工是断续切削，由于切削刃的制造误差，存在切削不均，加工过程中刀具会受到很大的冲击和振动。因此，不仅要求刀具精度高、强度大、刚度好、寿命长，而且要尺寸稳定，安装方便。

（1）精度高　数控铣刀的精度和重复定位精度要求高，刀柄与夹头间或与机床主轴锥孔间的连接定位精度、刀具的形状精度也要求高，以满足精密零件的加工要求。

（2）硬度高　硬度是刀具材料最基本的性能，其硬度必须高于工件材料的硬度，方能将工件上多余的金属切削掉。

（3）刚度好　在采用大切削用量或加工过程中切削用量有大有小而无法调整时，要求刀具要能适应，保证不会变形，不会振动。

（4）足够的强度和韧度　切削时刀具要能承受各种压力与冲击而不被破坏。

（5）耐磨性好　耐磨性是刀具抵抗磨损的能力，在剧烈的摩擦下刀具磨损要小，尤其是当一把刀具加工的内容很多时，若刀具不耐用而磨损较快，就会影响零件的加工质量和加工精度，而且会增加换刀次数，也会留下接刀痕迹。

（6）耐热性与化学稳定性高　耐热性，是指刀具在高温下仍能保持原有的硬度、强度、韧度以及耐磨性的特征。化学稳定性，是指高温下不易与加工材料或周围介质发生化学反应的能力，包括抗氧化能力。化学稳定性越高，刀具磨损越慢，加工表面质量越好。

2. 常见的铣刀材料和类型

铣刀材料通常有高速工具钢、硬质合金和其他材料，近年来超硬材料陶瓷、金属陶瓷、人造金刚石和立方氮化硼也得到广泛应用。

常见铣刀类型有如下几种。

(1) 平面加工铣刀　铣平面显然离不开平面加工铣刀。如图 2-31 所示，常用的平面加工铣刀有面铣刀、圆柱铣刀和立铣刀。

1）面铣刀。面铣刀一般采用镶齿式结构，刀齿采用硬质合金制成，生产效率高，加工表面质量也高，用于立式铣床上粗、精铣各种大平面。

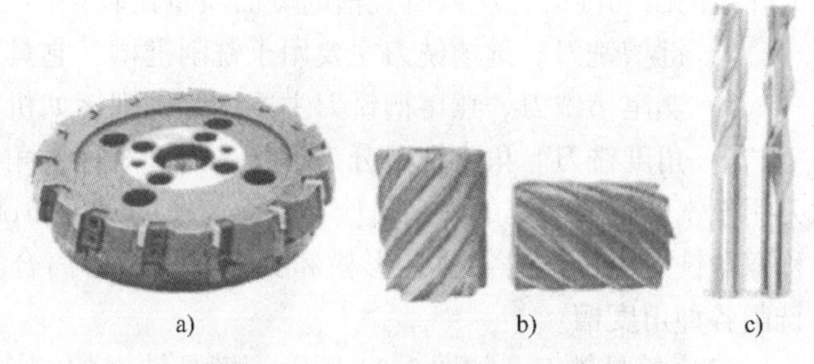

图 2-31　平面加工铣刀
a）面铣刀　b）圆柱铣刀　c）立铣刀

2）圆柱铣刀。圆柱铣刀通常采用整体式结构，主要由高速工具钢制成。圆柱铣刀一般采用螺旋形刀齿，以提高切削工作的平稳性，用于卧式铣床上粗铣及半精铣平面。

3）立铣刀。立铣刀用于立式铣床上铣削台阶面和侧面。立铣刀除了用于铣削平面外，还可用于铣削沟槽、螺旋槽及工件上各种形状的孔，还可用于铣削各种盘形凸轮与圆柱凸轮，以及通过靠模铣削内、外曲面。

(2) 沟槽加工铣刀　直槽有通槽和不通槽之分，较宽的通槽可用三面刃铣刀加工，窄的通槽可用锯片铣刀或小尺寸立铣刀加工，不通槽则宜用立铣刀加工。横槽的加工离不开 T 形槽铣刀。沟槽加工铣刀如图 2-32 所示。

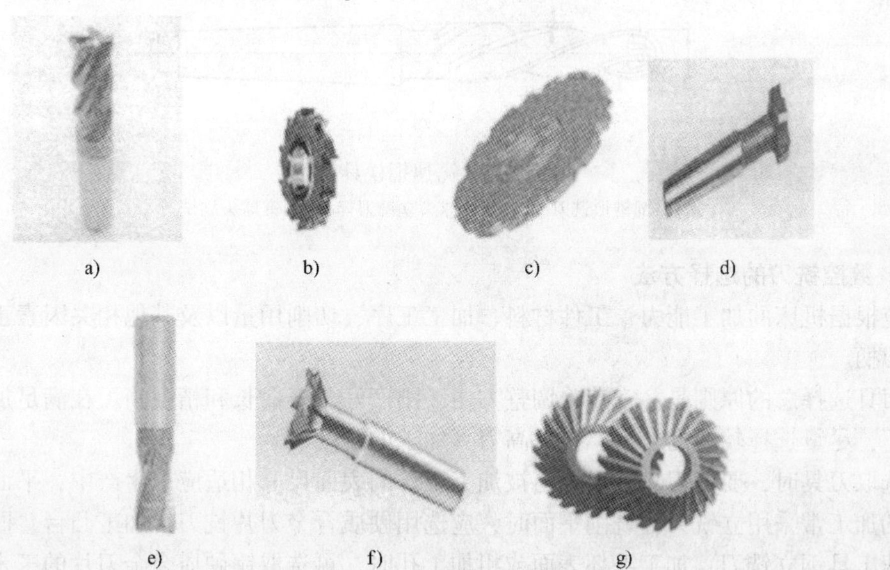

图 2-32　沟槽加工铣刀
a）立铣刀　b）三面刃铣刀　c）槽铣刀
d）T 形槽铣刀　e）键槽铣刀　f）燕尾槽铣刀　g）角度铣刀

1）三面刃铣刀。三面刃铣刀有直齿、错齿和镶齿等几种结构形式，由于刀具的圆周和两个侧面上均有切削刃，故可获得较高的加工表面质量，主要用于铣削各种槽、台阶平面、工件的表面及凸台平面等。

2）槽铣刀。槽铣刀用于铣削各种槽及板料、棒料和各种型材的切断，但由于没有起修光作用的副切削刃，所以所铣槽的侧面质量比较差。

3）键槽铣刀。键槽铣刀主要用于铣削键槽，它具有很高的铣削精度。

4）燕尾槽铣刀。燕尾槽铣刀主要用于铣削诸如机床滑板上的燕尾槽之类的表面。

5）角度铣刀。角度铣刀分为单角铣刀、对称双角铣刀和不对称双角铣刀三种。单角铣刀用于铣削各种刀具的外圆齿槽与端面齿槽的开齿和铣削各种锯齿离合器和棘齿的齿形；对称双角铣刀用于铣削各种V形槽和尖齿、梯形齿离合器的齿形；不对称双角铣刀主要用于铣削各种角度槽。

（3）模具铣刀　如图2-33所示，模具铣刀的结构特点是球头或端面上布满了切削刃，圆周刃与球头刃圆弧连接，可以做径向和轴向进给。铣刀工作部分用高速工具钢或硬质合金制造，国家标准规定 $d=4\sim63\text{mm}$。

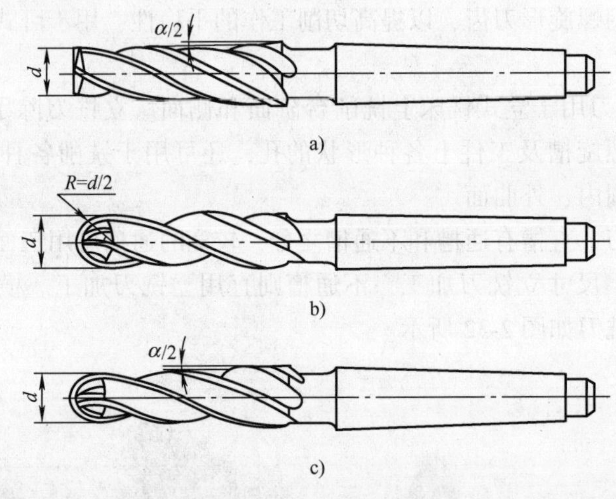

图2-33　高速钢模具铣刀

a）圆锥形铣刀　b）圆柱球头立铣刀　c）圆锥球头立铣刀

3. 数控铣刀的选择方法

应根据机床的加工能力、工件材料、加工工序、切削用量以及其他相关因素正确选用刀具及刀柄。

刀具选择总的原则是：安装、调整方便，刚度好，寿命长和精度高。在满足加工要求的前提下，尽量选择较短的刀柄，以提高刀具加工的刚度。

选取刀具时，要使刀具的尺寸与被加工工件的表面尺寸相适应。生产中，平面零件周边轮廓的加工常采用立铣刀；铣削平面时，应选用硬质合金刀片铣刀；加工凸台、凹槽时，选用高速工具钢立铣刀；加工毛坯表面或粗加工孔时，可选取镶硬质合金刀片的玉米铣刀；对一些立体型面和变斜角轮廓外形的加工，常采用球头铣刀、环形铣刀、锥形铣刀和盘形铣刀。在进行自由曲面（模具）加工时，由于球头刀具的端部切削速度为零，因此为保证加工精度，切削行距一般采用顶端密距，故球头铣刀常用于曲面的精加工。而平头刀具在表面加工质量和切削效率方面都优于球头铣刀，因此，只要在保证不过切的前提下，无论是曲面的粗加工还是精加工，都应优先选择平头铣刀。另外，刀具的寿命和精度与刀具价格关系极大，必须引起注意的是，在大多数情况下，选择好的刀具虽然增加了刀具成本，但由此带来的加工质量和加工效率的提高，则可以使整个加工成本大大降低。在加工中心上，各种刀具分别装在刀库上，按程序规定随时进行选刀和换刀动作，因此必须采用标准刀柄，以便使钻、镗、扩、铣削等工序用的标准刀具迅速、准确地装到机床主轴或刀库上去。编程人员应了解机床上所用刀柄的结构尺寸、调整方法以及调整范围，以便在编程时确定刀具的径向和轴向尺寸。在加工中心上铣削复杂工件时，铣刀的使用范围和使用要求较为宽泛，即使切削条件的选择略有不当，也不至出现太大问题。而硬质合金立铣刀虽然在高速切削时具有很好的耐磨性，但它的使用范围不及高速钢立铣刀广泛，且切削条件必须严格符合刀具的使用要求。

四、切削用量

数控编程时，编程人员必须确定每道工序的切削用量，并以指令的形式写入程序中。切削用量包括主轴转速、背吃刀量及进给速度等。对于不同的加工方法，需要选用不同的切削用量。切削用量的选择原则是：保证零件加工精度和表面粗糙度，充分发挥刀具切削性能，保证合理的刀具寿命，并充分发挥机床的性能，最大限度提高生产率，降低成本。因此程序中选用的切削用量应是最佳的、合理的切削用量。只有这样，才能提高数控机床的加工精度、刀具寿命和生产率，降低加工成本。

1. 影响切削用量的因素

（1）机床　切削用量的选择必须在机床主传动功率、进给传动功率以及主轴转速范围、进给速度范围之内。机床-刀具-工件系统的刚度是限制切削用量的重要因素，切削用量的选择应使机床-刀具-工件系统不发生较大的“振颤”。如果机床的热稳定性好，热变形小，可适当加大切削用量。

（2）刀具　刀具材料是影响切削用量的重要因素。表2-10是常用刀具材料的性能比较。

数控机床所用的刀具多采用可转位刀片（机夹刀片）并具有一定的寿命。机夹刀片的材料和形状尺寸必须与程序中的切削速度和进给量相适应并存入刀具参数中去。标准刀片的参数请参阅有关手册及产品样本。

表2-10　常用刀具材料的性能比较

刀具材料	切削速度	耐磨性	硬度	硬度随温度变化
高速工具钢	最低	最差	最低	最大
硬质合金	低	差	低	大
陶瓷刀片	中	中	中	中
金刚石	高	好	高	小

（3）工件　不同的工件材料要采用与之适应的刀具材料、刀片类型，要注意到可加工性。可加工性良好的标志是，在高速切削下有效地形成切屑，同时具有较小的刀具磨损和较好的表面加工质量。较高的切削速度、较小的背吃刀量和进给量，可以获得较好的表面粗糙度。合理的恒切削速度、较小的背吃刀量和进给量可以得到较高的

加工精度。

（4）切削液　切削液同时具有冷却和润滑作用，带走切削过程产生的切削热，降低工件、刀具、夹具和机床的温升，减少刀具与工件的摩擦和磨损，提高刀具寿命和工件表面加工质量。使用切削液后，通常可以提高切削用量。切削液必须定期更换，以防因其老化而腐蚀机床导轨或其他零件，特别是水溶性切削液。

2. 铣削加工时切削用量选择原则。

铣削加工的切削用量四要素：切削速度、进给速度、背吃刀量和侧吃刀量。从刀具寿命出发，切削用量的选择方法是：先选择背吃刀量或侧吃刀量，其次选择进给速度，最后确定切削速度。

（1）背吃刀量 a_p 和侧吃刀量 a_e　背吃刀量 a_p 为平行于铣刀轴线测量的切削层尺寸，单位为 mm。端铣时，a_p 为切削层深度；而圆周铣削时，a_p 为被加工表面的宽度。

侧吃刀量 a_e 为垂直于铣刀轴线测量的切削层尺寸，单位为 mm。端铣时，a_e 为被加工表面宽度；而圆周铣削时，a_e 为切削层深度，如图 2-34 所示。

背吃刀量或侧吃刀量的选取主要由加工余量和对表面质量的要求决定。

① 当工件表面粗糙度值要求为 $Ra = 12.5 \sim 25\mu m$ 时，如果圆周铣削加工余量小于 5mm，端面铣削加工余量小于 6mm，粗铣一次进给就可以达到要求。但是在余量较大、工艺系统刚度较差或机床动力不足时，可分为两次进给完成。

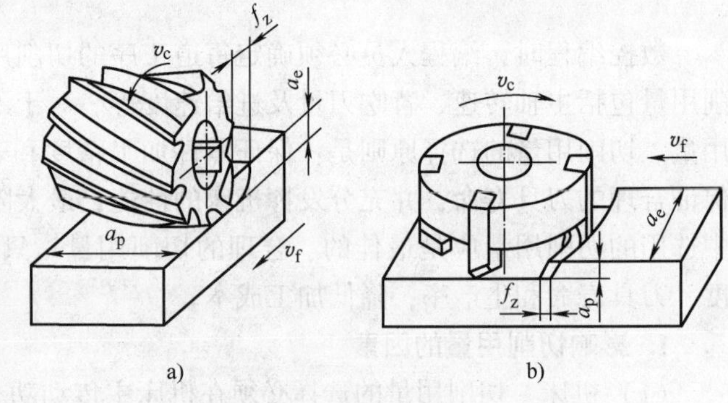

图 2-34　铣削加工的切削用量

a）圆周铣　b）端铣

② 当工件表面粗糙度值要求为 $Ra = 3.2 \sim 12.5\mu m$ 时，应分为粗铣和半精铣两步进行。粗铣时背吃刀量或侧吃刀量选取同前。粗铣后留 0.5 ~ 1.0mm 余量，在半精铣时切除。

③ 当工件表面粗糙度值要求为 $Ra = 0.8 \sim 3.2\mu m$ 时，应分粗铣、半精铣、精铣三步进行。半精铣时背吃刀量或侧吃刀量取 1.5 ~ 2mm；精铣时，圆周铣侧吃刀量取 0.3 ~ 0.5 mm，面铣刀背吃刀量取 0.5 ~ 1mm。

（2）进给量 f 与进给速度 v_f 的选择　铣削加工的进给量 f（mm/r）是指刀具转一周，工件与刀具沿进给运动方向的相对位移量；进给速度 v_f（mm/min）是单位时间内工件与铣刀沿进给方向的相对位移量。进给速度与进给量的关系为 $v_f = nf$（n 为铣刀转速，单位为 r/min）。进给量与进给速度是数控铣床加工切削用量中的重要参数，根据零件的表面粗糙度、加工精度要求、刀具及工件材料等因素，参考切削用量手册选取或通过选取每齿进给量 f_z，再根据公式 $f = zf_z$（z 为铣刀齿数）计算。

每齿进给量 f_z 的选取主要依据工件材料的力学性能、刀具材料、工件表面粗糙度等因素。工件材料强度和硬度越高，f_z 越小；反之则越大。硬质合金铣刀的每齿进给量高于同类高速工具钢铣刀。工件表面粗糙度要求越高，f_z 就越小。每齿进给量的确定可参考表 2-11 选取。工件刚度差或刀具强度低时，应取较小值。

表 2-11　铣刀每齿进给量参考值

工件材料	f_z/mm			
	粗　铣		精　铣	
	高速工具钢铣刀	硬质合金铣刀	高速工具钢铣刀	硬质合金铣刀
钢	0.10～0.15	0.10～0.25	0.02～0.05	0.10～0.15
铸铁	0.12～0.20	0.15～0.30		

3. 切削速度 v_c

铣削的切削速度 v_c 与刀具寿命、每齿进给量、背吃刀量、侧吃刀量以及铣刀齿数成反比，而与铣刀直径成正比。其原因是当 f_z、a_p、a_e 和 z 增大时，切削刃负荷增加，而且同时工作的齿数也增多，使切削热增加，刀具磨损加快，从而限制了切削速度的提高。为提高刀具寿命，允许使用较低的切削速度。但是加大铣刀直径则可改善散热条件，可以提高切削速度。

铣削加工的切削速度 v_c 可参考表 2-12 选取，也可参考有关切削用量手册中的经验公式通过计算选取。

表 2-12　铣削加工的切削速度参考值

工件材料	硬度（HBW）	v_c/（m/min）	
		高速工具钢铣刀	硬质合金铣刀
钢	<225	18～42	66～150
	225～325	12～36	54～120
	325～425	6～21	36～75
铸铁	<190	21～36	66～150
	190～260	9～18	45～90
	260～320	4.5～10	21～30

根据切削速度来确定主轴转速，计算公式为

$$n=\frac{1000v_c}{\pi d}$$

例如，已知直径 ϕ20mm 的铣刀材料为硬质合金，工件材料为 45 钢，$v_c=66\sim150$m/min，试求主轴转速。

解　取 $v_c=(66\text{m/min}+150\text{m/min})/2=103\text{m/min}$

$n=1000v_c/(\pi d)=1000\times103\text{r/min}/(3.14\times20)\approx1640\text{r/min}$

程序中输入 S1640。

【任务实施】

一、零件图样分析

本任务加工内容是平面凸轮槽，凸轮槽的工作原理是凸轮转动时，凸轮槽中的滚子按凸轮槽曲线运动，以达到控制从动件的目的。因此，滚子在凸轮槽中运动要顺畅，但间隙不能太大，否则会影响从动件的运动精度。凸轮槽的两侧面是主要工作面，因此对其表面粗糙度做了严格的要求；而槽底为非配合面，其表面粗糙度要求较低。零件图尺寸标注完整，轮廓描述清楚。零件材料为45钢，无热处理和硬度要求。

二、加工工艺分析

1. 分析加工工艺，确定加工顺序及走刀路线

该凸轮槽加工是从实体上挖出封闭槽，槽宽为8mm，槽深为10mm，若采用一次加工成形，切削力太大，再加上机床夹具、刀具刚度的影响，会使凸轮轮廓不准确，两侧面的表面粗糙度难以达到要求。因此，采用粗、精两次加工的方法，以达到较高的轮廓精度和表面粗糙度要求。

故加工顺序安排如下：

1）预钻工艺孔，引入孔位置在点$A(6,34)$，以避免铣刀中心垂直切削工件。

2）粗铣凸轮槽，深度方向分四次进刀，切第四刀时留0.05mm精加工余量。

3）精铣凸轮槽。

2. 选择机床

根据零件的外形和材料等条件，选用VMV 800型加工中心。

3. 确定零件的定位基准和装夹方式

由于此零件在铣凸轮槽之前已完成$\phi 20^{+0.025}_{0}$mm孔和$4\times\phi 8$mm通孔加工，装夹时可以采用一柱一销的定位方法，保证工艺基准与装配基准重合。

4. 刀具及刀具卡

刀具选择如下：

1）选择用$\phi 7.5$ mm平顶钻锪孔，孔底留余量0.5mm。

2）粗铣凸轮槽选用$\phi 7.8$mm立铣刀（定制刀具）。

3）精铣凸轮槽选用$\phi 8$mm立铣刀。

将所选定的刀具参数填入数控加工刀具卡中（表2-13），以便编程和操作管理。

表2-13　数控加工刀具卡

<table>
<tr><td colspan="2">产品名称或代号</td><td colspan="2">×××</td><td>零件名称</td><td colspan="2">凸轮槽</td><td>零件图号</td><td>×××</td></tr>
<tr><td>序号</td><td>刀具号</td><td colspan="2">刀具规格、名称</td><td>数量</td><td colspan="3">加工表面</td><td>备注</td></tr>
<tr><td>1</td><td>T01</td><td colspan="2">φ6.8mm 钻头</td><td>1</td><td colspan="3">预钻工艺孔</td><td></td></tr>
<tr><td>2</td><td>T02</td><td colspan="2">φ7.5mm 平顶钻</td><td>1</td><td colspan="3">锪孔</td><td></td></tr>
<tr><td>3</td><td>T03</td><td colspan="2">φ7.8mm 立铣刀</td><td>1</td><td colspan="3">粗铣凸轮槽</td><td></td></tr>
<tr><td>4</td><td>T04</td><td colspan="2">φ8mm 立铣刀</td><td>1</td><td colspan="3">精铣凸轮槽</td><td></td></tr>
<tr><td colspan="2">编制</td><td>×××</td><td>审核</td><td>×××</td><td>批准</td><td>×××</td><td>共1页</td><td>第1页</td></tr>
</table>

5. 数控加工工艺卡（表2-14）

表2-14　数控加工工艺卡

单位名称	×××	产品名称或代号	零件名称	零件图号
		×××	凸轮槽	×××
工序号	程序名	夹具名称	使用设备	场地
×××	×××		VMC 800 型加工中心	数控实训基地

（续）

单位名称	×××	产品名称或代号		零件名称		零件图号
工步号	工步内容	刀具名称		切削用量		
		刀具号	刀长补偿号	S 功能	F 功能	背吃刀量/mm
		$\phi6.8$mm 钻头		$v_c=15$ m/min	$v_f=0.15$mm/r	
1	预钻孔	T01	H01	700	100	9.5
2	锪孔	$\phi7.5$mm 平顶钻		$v_c=15$m/min	$v_f=0.15$mm/r	9.5
		T02	H02	650	90	
3	粗铣凸轮槽	$\phi7.8$mm 立铣刀（2 刃）		$v_c=20$ m/min	$v_f=0.15$mm/r	9.95
		T03	H03	800	240	
4	精铣凸轮槽	$\phi8$mm 立铣刀		$v_c=30$m/min	$v_f=0.8$mm/r	0.2
		T04	H04	1200	50	

6. 切削用量选择

综合前面分析的各项内容，查表获得切削用量，并将其填入数控加工工艺卡，见表 2-14。

7. 编程原点的选择

编程原点设在 $\phi20^{+0.025}_{0}$mm 孔圆心的上表面，工件坐标系用 G54 设定。

8. 基点坐标计算

基点 $A\sim F$ 的坐标分别为：$A(6, 34)$，$B(12.741, 30.308)$，$C(24.538, 11.846)$，$D(24.538, -11.846)$，$E(12.741, -30.308)$，$F(6, -34)$。

三、程序编制（表 2-15）

表 2-15　凸轮槽加工程序

程序内容	说　明
O2050；	主程序名
N10 T01 M06；	预钻孔
G54 G90 G00 X0 Y0；	
S700 M03；	
G43 H01 Z50.0 M08；	
G81 X6.0 Y34.0 Z-9.5 R5.0 F100；	
G00 G49 Z50.0 M05；	
G91 G28 Z0；	
N20 T02 M06；	锪孔
S650 M03；	
G90 G43 H02 Z50.0；	
G82 X6.0 Y34.0 Z-9.5 R5.0 F90 P2000；	
G00 G49 Z0 M05；	
G91 G28 Z0；	
N30 T03 M06；	粗铣轮廓
S800 M03；	

（续）

程序内容	说　明
G90 G00 G43 H03 Z50. 0；	
X6. 0 Y34. 0；	
Z2. 0；	
G01 Z-2. 5 F240；	
M98 P2051；	调用凸轮槽轮廓尺寸的子程序，粗铣第一刀
G01 Z-5. 0；	
M98 P2051；	调用凸轮槽轮廓尺寸的子程序，粗铣第二刀
G01 Z-5. 0；	
M98 P2051；	调用凸轮槽轮廓尺寸的子程序，粗铣第三刀
G01 Z-9. 95	
M98 P2051；	调用凸轮槽轮廓尺寸的子程序，粗铣第四刀
G49 Z50. 0 M05；	
G91 G28 Z0；	
N40 T04 M06；	精铣轮廓
S1000 M03；	
G90 G00 G43 H04 Z50. 0；	
X6. 0 Y34. 0；	
Z2. 0；	
G01 Z-10. 0 F320；	
M98 P2051；	
G49 Z50. 0 M05；	
G91 G28 Z0 M09；	
M30；	
O2051；	描述凸轮槽轮廓尺寸的子程序
G02 X12. 741 Y30. 308 R8. 0 F100；	
G01 X24. 538 Y11. 846；	
G02Y-11. 846 R22. 0；	
G01 X12. 741 Y-30. 308；	
G02 X6. 0 Y-34. 0 R8. 0；	
G02 Y34. 0 R34. 0；	
G00 Z5. 0；	
M99；	

四、仿真加工

1. 仿真加工

启动软件→选择机床与数控系统→激活机床→回零→设置工件→毛坯→选择刀具并安装→输入程序→对刀→单段执行→自动加工。

2. 数控铣床加工

普通铣床加工零件毛坯至图样尺寸→数控铣床开机→回零→程序输入与编辑→程序调试

（锁定机床空运行→单步执行→图形模拟）→找正装夹工件（机用平口钳）→对刀（建立工件坐标系）→自动运行程序。

【任务评价】

任务评价项目见表2-16。

表2-16　任务评价项目

项　　目	序号	技能要求	配　　分	得　　分
工艺分析与程序编制（45%）	1	零件加工工艺	10分	
	2	刀具卡	5分	
	3	工序卡	5分	
	4	加工程序	25分	
仿真与机床操作（35%）	5	仿真系统（机床）基本操作	20分	
	6	仿真工件（零件）与尺寸	15分	
职业能力（5%）	7	学习及操作态度	5分	
文明生产（15%）	8	文明操作及团队协作	15分	
总　　计				

思考与练习

1. 数控机床的对刀方法有哪几种？如何应用？

2. 什么是对刀点？什么是换刀点？其选择原则是什么？

3. 试说明用G92和G54～G59设定工件坐标系有何不同。

4. 如图2-35所示，零件上有两排形状尺寸相同的正方形凸槽，深5mm，宽6mm，试用子程序编写其精加工程序。

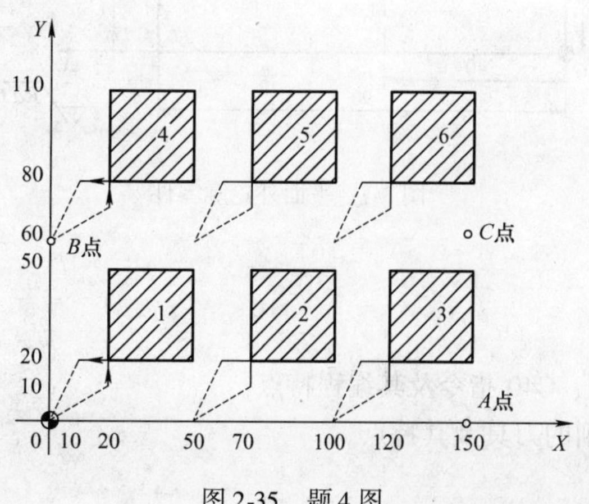

图2-35　题4图

模块三　轮廓铣削加工

任务一　外轮廓的加工

【任务目标】

一、任务描述

如图 3-1 所示，外轮廓粗加工已完成，周边留 0.5mm 加工余量，要求精加工外轮廓。毛坯为 100mm×60mm×5mm 板材，材料为 45 钢。

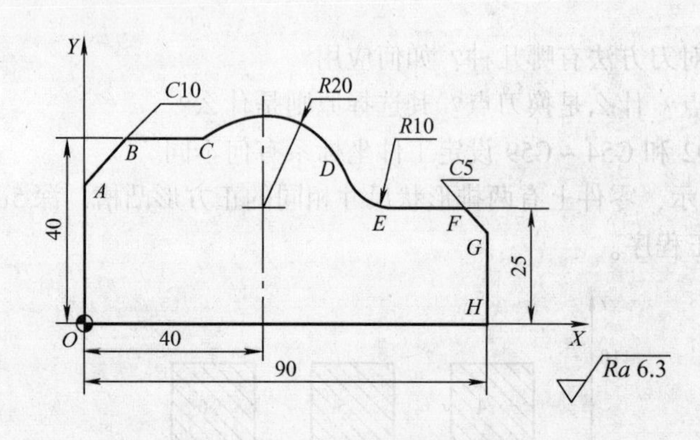

图 3-1　平面外轮廓零件

二、学习目标

1）学习 G41、G42、G40 指令及其编程特点。

2）认识外轮廓铣削的刀具及其特点。

三、技能目标

1）掌握外轮廓铣削的工艺。

2）掌握外轮廓的铣削加工。

【知识链接】

一、轮廓铣削加工的内容和要求

由直线、圆弧、曲线通过相交、相切连接而成的二维平面轮廓零件，适合用数控铣床周铣加工，这是因为数控铣床相对普通铣床具有多轴数控联动的功能。

二维平面轮廓零件一般有轮廓度等几何公差要求，轮廓表面有表面粗糙度要求。具有台阶面的平面轮廓零件，立铣刀在对平行于刀具轴线的轮廓周铣的同时，对垂直于 Z 轴的台阶面进行端铣，因此台阶面也有相应的质量要求。

二、立铣刀及其选用

立铣刀是数控机床上用得最多的一种铣刀，主要用于铣削轮廓表面、凸轮、台阶面、凹槽和箱体表面等。

1. 普通高速工具钢立铣刀

图 3-2 所示为普通高速工具钢立铣刀，其圆柱面上的切削刃是主切削刃，端面上分布着副切削刃。主切削刃一般为螺旋齿，这样可以增加切削平稳性，提高加工精度。标准立铣刀的螺旋角 β 为 40°～45°（粗齿）和 30°～35°（细齿），套式结构立铣刀的螺旋角 β 为 15°～25°。

由于普通高速工具钢立铣刀端面中心处无切削刃，所以其工作时不能做轴向进给，端面上的副切削刃主要用来加工与侧面相垂直的底平面。

直径较小的立铣刀一般制成带柄形式。其中，$\phi2$～$\phi20$mm 的立铣刀为直柄；$\phi6$～$\phi63$mm 的立铣刀为莫氏锥柄；$\phi25$～$\phi80$mm 的立铣刀为带有螺纹孔的 7：24 锥柄，螺纹孔用来拉紧刀具。直径大于 $\phi40$～$\phi160$mm 的立铣刀可做成套式结构。

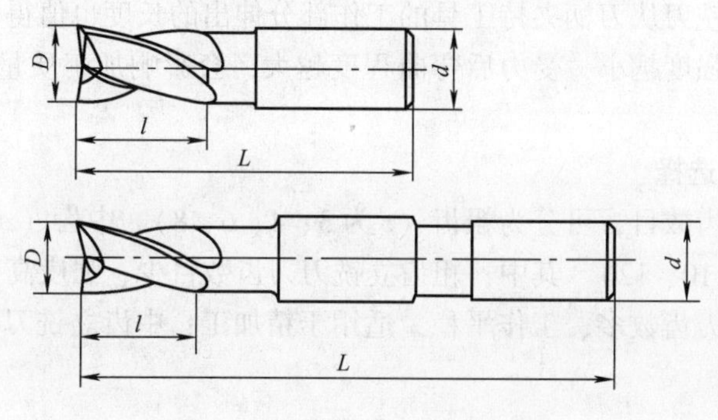

图 3-2　普通高速工具钢立铣刀

2. 硬质合金螺旋齿立铣刀

为提高生产率，除采用普通高速工具钢立铣刀外，数控铣床或加工中心还大量采用硬质合金螺旋齿立铣刀。

如图 3-3 所示，硬质合金螺旋齿立铣刀的刀片可通过焊接、机夹或可转位形式装在具有螺旋槽的刀体上，它具有良好的刚度及排屑性能，适合粗、精铣削加工，生产率可比同类型高速工具钢立铣刀提高 2～5 倍。

图 3-3a 所示为在每个螺旋槽上装单个刀片的硬质合金螺旋齿立铣刀。

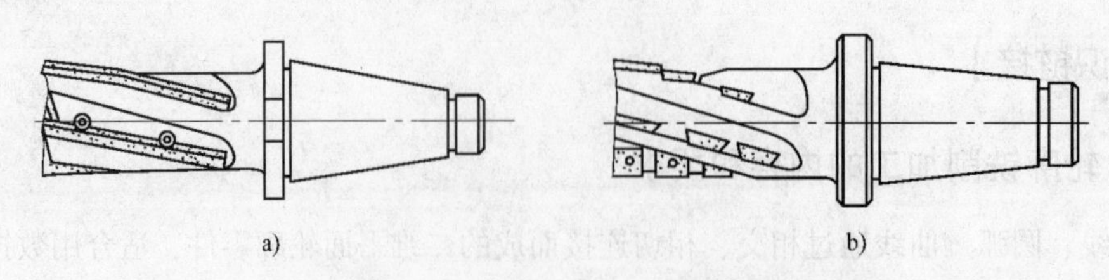

图 3-3 硬质合金螺旋齿立铣刀
a）每齿单个刀片 b）每齿多个刀片

图 3-3b 所示的硬质合金螺旋齿立铣刀常称为“玉米立铣刀”，它是在一个刀槽中装上两个或更多的硬质合金刀片，并使相邻刀齿间的接缝相互错开，利用同一刀槽中刀片之间的接缝作为分屑槽，通常在粗加工时选用。

3. 立铣刀的尺寸选择

数控加工中，必须考虑的立铣刀尺寸有立铣刀直径、立铣刀长度、螺旋槽长度（侧刃长度）。

数控加工中，立铣刀的直径必须非常精确，它包括名义直径和实测直径。名义直径为刀具厂商给出的值；实测直径是精加工时用于计算半径补偿的值。对于重新刃磨过的刀具，即使用其实测直径计算刀具半径补偿值，也不宜将它用在精度要求较高的精加工中，这是因为重新刃磨过的刀具存在较大的圆跳动误差，影响加工轮廓的精度。

直径大的刀具比直径小的刀具抗弯强度大，加工中不容易发生受力弯曲和引起振动。因此，用立铣刀铣削外凸轮廓时，可按加工情况选用较大的直径，以提高刀具的刚度；用立铣刀铣削凹形轮廓时，铣刀的最大半径选择受凹形轮廓的最小曲率半径限制，即铣刀的最大半径应小于零件内轮廓的最小曲率半径，一般取最小曲率半径的 0.8~0.9 倍。此外，刀具从主轴伸出的长度和立铣刀从刀柄夹持工具的工作部分伸出的长度也值得认真考虑，因为立铣刀的长度越大，抗弯强度越小，受力后弯曲程度越大，会影响加工质量，并容易产生振动，加速切削刃的磨损。

4. 立铣刀的刀齿选择

立铣刀根据其刀齿数目，可分为粗齿（z 为3、4、6、8）、中齿（z 为4、6、8、10）和细齿（z 为5、6、8、10、12）。其中，粗齿立铣刀刀齿数目少、强度高、容屑空间大，适用于粗加工；细齿立铣刀齿数多、工作平稳，适用于精加工；中齿立铣刀的性能介于粗齿立铣刀和细齿立铣刀之间。

三、刀具半径补偿

1. 刀具半径补偿功能

在编制数控铣床轮廓铣削加工程序时，为了编程方便，通常将数控刀具假想成一个点（刀位点），认为刀位点与编程轨迹重合。但实际上，由于刀具具有一定的直径，使刀具中心轨迹与零件轮廓不重合，如图 3-4 所示。因此，编程时就必须依据刀具半径和零件轮廓计算刀具中心轨迹，再依据刀具中心轨迹完成编程，但如果人工完成这些计算将给手工编程带来很多的不便，甚至当计算量较大时，很容易产生计算错误。为了解决这个加工与编程之间的矛盾，数控系统为我们提供了刀具半径补偿功能。

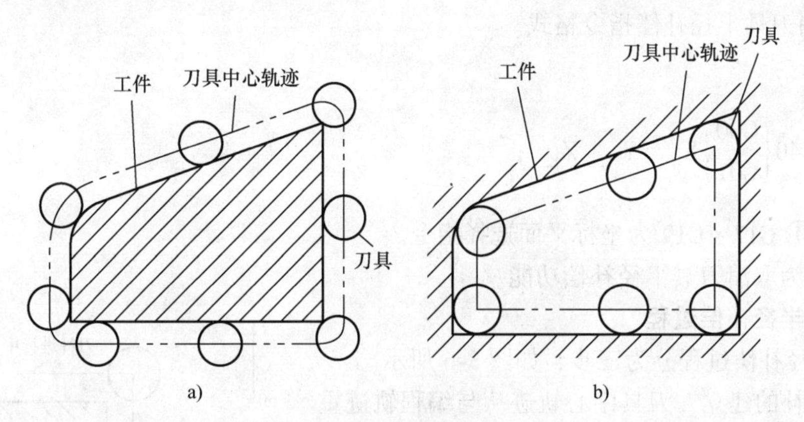

图 3-4　刀具半径补偿
a）外轮廓加工　b）内轮廓加工

数控系统的刀具半径补偿功能就是将计算刀具中心轨迹的过程交由数控系统完成，编程员假设刀具半径为零，直接根据零件的轮廓形状进行编程，而实际的刀具半径则存放在一个刀具半径偏置寄存器中。在加工过程中，数控系统根据零件程序和刀具半径自动计算刀具中心轨迹，完成对零件的加工。

2. 刀具半径补偿指令

1）建立刀具半径补偿指令格式。

指令格式：

$$\begin{Bmatrix} G17 \\ G18 \\ G19 \end{Bmatrix} \begin{Bmatrix} G41 \\ G42 \end{Bmatrix} \begin{Bmatrix} G00 \\ G01 \end{Bmatrix} \quad X\_\ Y\_\ Z\_\ D\_;$$

说明：① G17～G19 为坐标平面选择指令。

② G41 为左刀补，如图 3-5a 所示。

③ G42 为右刀补，如图 3-5b 所示。

④ X、Y、Z 为建立刀具半径补偿时的目标点坐标。

⑤ D 为刀具半径补偿号。

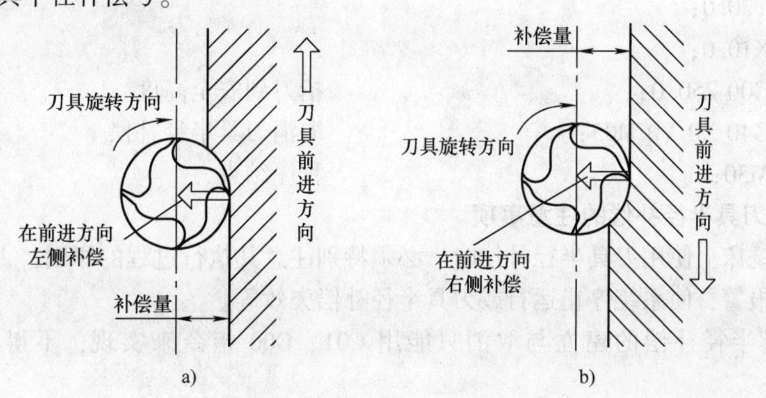

图 3-5　刀具补偿方向
a）左刀补（G41）　b）右刀补（G42）

2）取消刀具半径补偿指令格式。

指令格式：

$$\begin{Bmatrix} G17 \\ G18 \\ G19 \end{Bmatrix} G40 \begin{Bmatrix} G00 \\ G01 \end{Bmatrix} X\_\ Y\_\ Z\_;$$

说明：① G17 ~ G19 为坐标平面选择指令。

② G40 为取消刀具半径补偿功能。

3. 刀具半径补偿过程

刀具半径补偿过程分为三步，如图 3-6 所示。

（1）刀补的建立　刀具中心轨迹从与编程轨迹重合过渡到与编程轨迹偏离一个偏置量的过程。

（2）刀补进行　刀具中心始终与编程轨迹相距一个偏置量，直到刀补取消。

（3）刀补取消　刀具离开工件，刀具中心轨迹要过渡到与编程轨迹重合的过程。

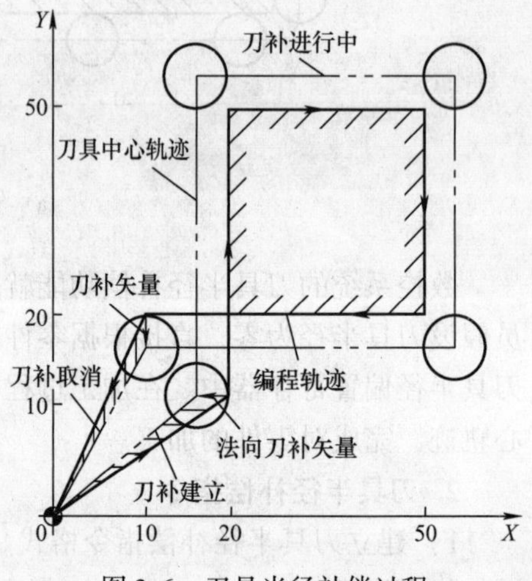

图 3-6　刀具半径补偿过程

【例3-1】　使用刀具半径补偿功能完成图 3-6 所示轮廓加工的编程。

参考程序如下：

```
O0011;
N010  G90 G54 G21 G40 G49;
N020  G00 X0 Y0 M03 S500 F50;
N030  G00 Z50.0;                    下刀到安全高度
N040  Z10.0;                        下刀到参考高度
N050  G41 X20.0 Y10.0 D01 F50;      建立刀具半径补偿
N060  G01 Z-10.0;                   下刀
N070  Y50.0;
N080  X50.0;
N090  Y20.0;
N100  X10.0;
N110  G00 Z50.0;                    抬刀到安全高度
N120  G40 X0 Y0 M05;                取消刀具半径补偿
N130  M30;                          程序结束
```

4. 使用刀具半径补偿的注意事项

在数控铣床上使用刀具半径补偿时，必须特别注意其执行过程的原则，否则容易引起加工失误甚至报警，使系统停止运行或刀具半径补偿失效等。

1）刀具半径补偿的建立与取消只能用 G01、G00 指令来实现，不得用 G02 和 G03 指令。

2）建立和取消刀具半径补偿时，刀具必须在所补偿的平面内移动，且移动距离应大于刀具补偿值。

3）D00～D99 为刀具补偿号，其中 D00 表示取消刀具半径补偿（即 G41/G42 X _ Y _ D00 等价于 G40）。刀具半径补偿值在加工或试运行之前须设定在补偿存储器中。

4）加工半径小于刀具半径的内圆弧时，进行半径补偿将产生刀具干涉，只有过渡圆角 $R \geqslant$ 刀具半径 r + 精加工余量的情况下才能正常切削。

5）在刀具半径补偿模式下，如果存在有连续两段以上非移动指令（如 G90、M03 等）或非指定平面轴的移动指令，则有可能产生过切现象。

四、外轮廓铣削的进退刀方式

铣削平面类零件外轮廓时，刀具沿 XY 平面的进退刀方式通常有三种。

1. 垂直方向进退刀

如图 3-7 所示，刀具沿 Z 向下刀后，垂直接近工件表面。这种方法进给路线短，但工件表面有接刀痕迹。

2. 直线切向进退刀

如图 3-8 所示，刀具沿 Z 向下刀后，从工件外直线切向进刀，切削工件时不产生接刀痕迹。

3. 圆弧切向进退刀

如图 3-9 所示，刀具沿圆弧切向切入、切出工件，工件表面没有接刀痕迹。

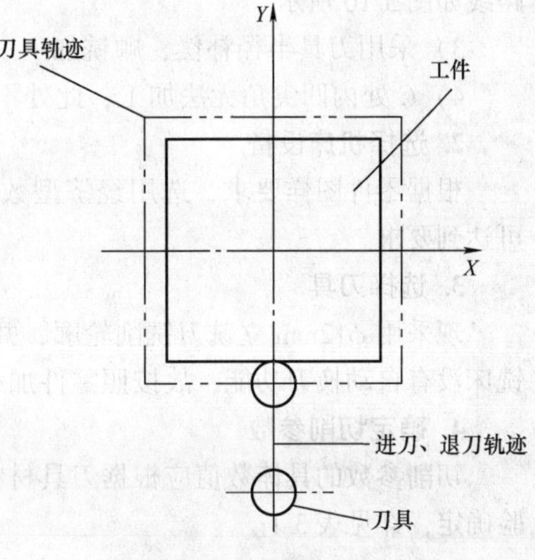

图 3-7　垂直进退刀

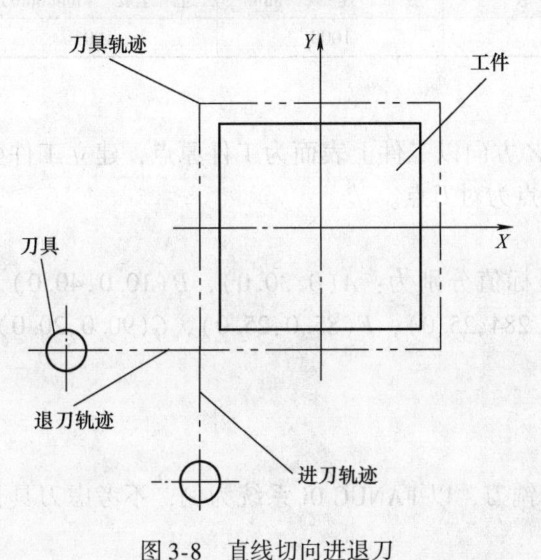

图 3-8　直线切向进退刀

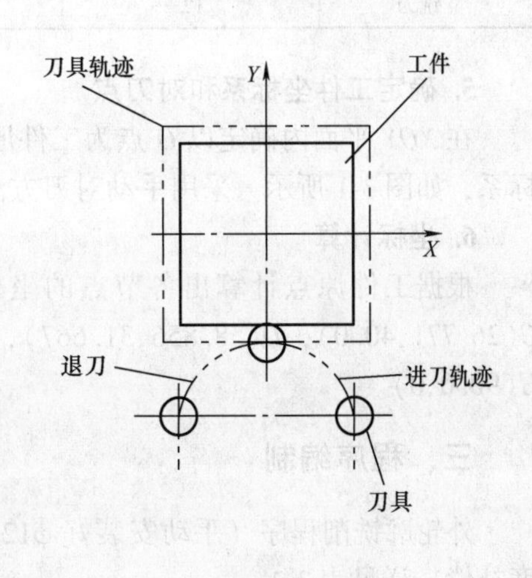

图 3-9　圆弧切向进退刀

【任务实施】

一、零件图分析

如图 3-1 所示，该零件外轮廓由直线和圆弧构成，并且直线与圆弧之间为相切圆滑过

渡，各表面的表面粗糙度值均为 $Ra6.3\mu m$。

二、加工工艺分析

1. 根据图样要求确定工艺方案及走刀路线

1）以底面为定位基准，用机用平口钳夹紧工件两侧，机用平口钳固定于铣床工作台上。

2）按 *OABCDEFGHO* 线路铣削外轮廓，走刀路线如图 3-10 所示。

3）采用刀具半径补偿，顺铣加工。

4）*C* 处内凹尖角无法加工，此处不做考虑。

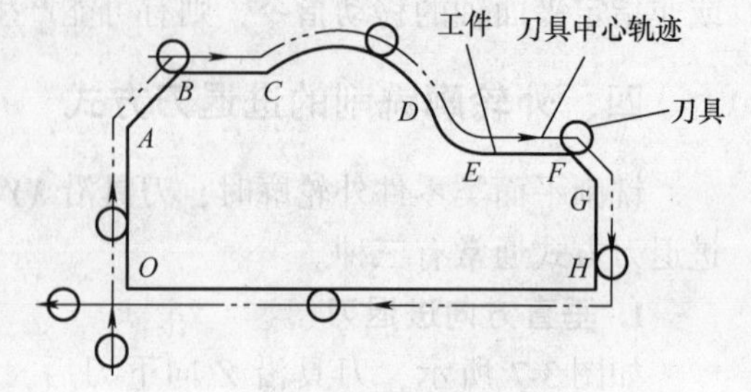

图 3-10　外轮廓精加工走刀路线

2. 选择机床设备

根据零件图样要求，选用经济型数控铣床即可达到要求。

3. 选择刀具

现采用 ϕ12mm 立铣刀铣削轮廓，并把该刀具的直径输入刀具参数表中。由于普通数控铣床没有自动换刀功能，故按照零件加工要求，只能手动换刀。

4. 确定切削参数

切削参数的具体数值应根据刀具材料、工件材料、机床性能及相关手册，并结合实际经验确定，详见表 3-1。

表 3-1　主要切削参数

刀 具 名 称	刀具直径/mm	刃　　数	主轴转速/（r/min）	进给速度/（mm/min）
立铣刀	12	4	1000	100

5. 确定工件坐标系和对刀点

在 *XOY* 平面内确定以 *O* 点为工件原点，*Z* 方向以工件上表面为工件原点，建立工件坐标系，如图 3-1 所示。采用手动对刀方法，*O* 点为对刀点。

6. 坐标计算

根据工件原点计算出各节点的坐标。坐标值分别为：*A*(0,30.0)，*B*(10.0,40.0)，*C*(26.771,40.0)，*D*(58.856,31.667)，*E*(68.284,25.0)，*F*(85.0,25.0)，*G*(90.0,20.0)，*H*(90.0,0)。

三、程序编制

外轮廓铣削程序（手动安装好 ϕ12mm 立铣刀，以 FANUC 0i 系统为例，不考虑刀具长度补偿）详见表 3-2。

表 3-2　外轮廓铣削程序

程序段号	程序内容	说　明
	O0010；	程序名
N010	G90 G54 G21 G40 G49 X0 Y0 Z0；	
N020	M03 S1000；	主轴正转，转速为 1000r/min
N030	G17 G41 G00 X-20.0 Y-10.0 D01；	刀具左补偿，补偿号为 D01

（续）

程序段号	程序内容	说　明
N040	Z-5.0	下刀
N050	G01 X0 Y-10.0 F100；	刀具进给至切削起点
N060	Y30.0；	铣削 *OA*
N070	X10.0 Y40.0；	铣削 *AB*
N080	X26.771；	铣削 *BC*
N090	G02 X58.856 Y31.667 R20；	铣削 *CD*
N100	G03 X68.284 Y25.0 R10；	铣削 *DE*
N110	G01 X85.0；	铣削 *EF*
N120	X90.0 Y20.0；	铣削 *FG*
N130	Y0；	铣削 *GH*
N140	X-10.0；	铣削 *HO*
N150	G00 X0 Y0 Z0；	快速抬刀
N160	G40；	取消刀补
N170	M05；	主轴停转
N180	M30；	程序结束

四、零件加工

1. 机床加工操作

1）测量刀具长度。将所使用的刀具安装到刀柄上，用刀具测量仪器测量刀具长度，调整好立铣刀尺寸并记录测量数据。

2）起动机床。打开主控电源开关、气源开关、控制面板开关。

3）回机床原点。

4）刀具安装与参数设置。将刀具安装到主轴上，并在 CNC 刀具参数表中输入 D、H 地址的刀具参数。

5）程序输入。在编辑模式下将程序输入到数控系统中，并检查输入程序的正确性。

6）工件的定位装夹。将机用平口钳安装在机床上，找正后将工件夹持在机用平口钳上；工件装夹完毕后，建立工件坐标系。

7）试运行。

8）试运行无误后可进行自动加工，加工完后测量尺寸。对未达到图样要求的尺寸，在可修复的情况下再进行加工，直至符合图样要求。

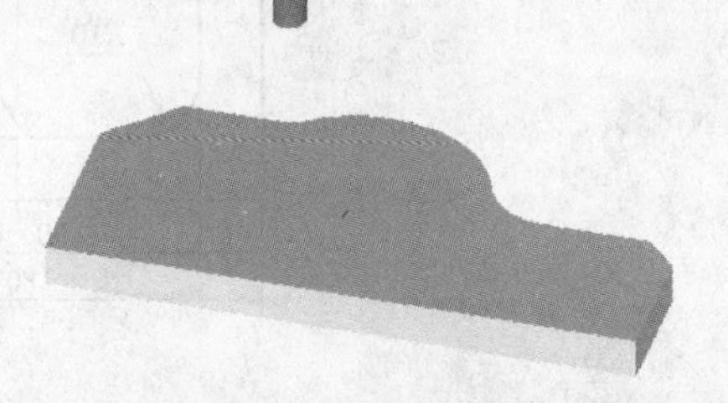

图 3-11　外轮廓仿真加工结果

2. 数控仿真

根据数控程序，仿真加工结果如图 3-11 所示。

【任务评价】

任务评价项目见表 3-3。

表 3-3 任务评价项目

项 目	序号	技能要求	配 分	得 分
工艺分析与程序编制（45%）	1	零件加工工艺	10 分	
	2	刀具卡	5 分	
	3	工序卡	5 分	
	4	加工程序	25 分	
仿真与机床操作（35%）	5	仿真系统（机床）基本操作	20 分	
	6	仿真工件（零件）与尺寸	15 分	
职业能力（5%）	7	学习及操作态度	5 分	
文明生产（15%）	8	文明操作及团队协作	15 分	
总 计				

任务二 内轮廓的加工

【任务目标】

一、任务描述

零件如图 3-12 所示，其毛坯为 80mm × 80mm × 20mm 板材，六个面已经精加工完成，保证了各面相互的垂直度和平行度。工件材料为硬铝。要求编写凹槽加工程序。

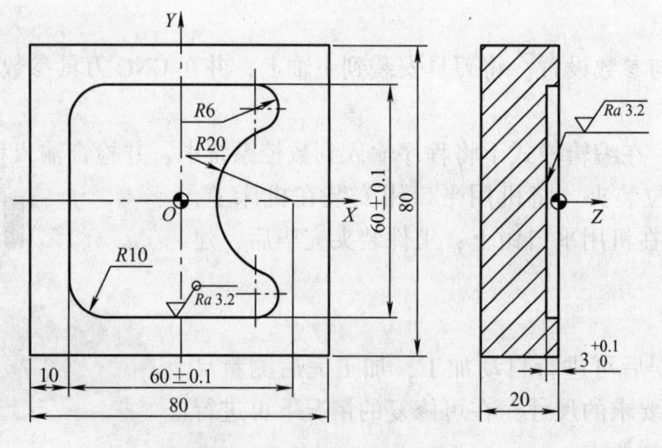

图 3-12 平面内轮廓零件

二、学习目标

1）巩固学习 G41、G42、G40 指令及其编程特点。

2）认识内轮廓铣削的刀具及其特点。

三、技能要求

1）掌握内轮廓铣削的工艺。
2）掌握内轮廓的铣削加工。

【知识链接】

一、顺铣与逆铣

铣削分为逆铣与顺铣，当铣刀的切削速度方向和工件的移动方向相同时称为顺铣，相反时称为逆铣，如图 3-13 所示。

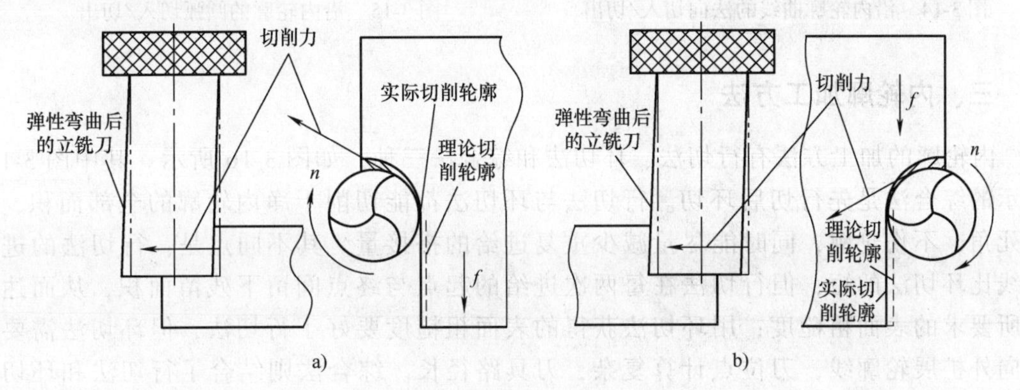

图 3-13　顺铣与逆铣

a）顺铣　b）逆铣

逆铣时刀齿开始切削工件时的切削厚度比较小，导致刀具易磨损，并影响已加工表面。

顺铣时刀具寿命比逆铣时提高 2～3 倍，刀齿的切削路径较短，比逆铣时的平均切削厚度大，而且切削变形较小；但顺铣不宜加工带硬皮的工件。由于工件所受的切削力方向不同，粗加工时逆铣比顺铣要平稳。

对于立式数控铣床所采用的立铣刀，其装在主轴上后相当于悬臂梁结构，在切削加工时刀具会产生弹性弯曲变形，如图 3-13 所示。当用立铣刀顺铣时，刀具在切削时会产生让刀现象，即切削时出现“欠切”现象，如图 3-13a 所示；当用立铣刀逆铣时，刀具在切削时会产生啃刀现象，即切削时出现“过切”现象，如图 3-13b 所示。这种现象在刀具直径越小、刀杆伸出越长时越明显，所以在选择刀具时，从提高生产率、减小刀具弹性弯曲变形的影响这些方面考虑，应选大直径立铣刀，但其半径不能大于零件凹圆弧的半径。此外，在装刀时刀杆应尽量伸出短些。

二、内轮廓铣削的进退刀方式

铣削封闭的内轮廓表面时，进退刀方式也有两种：一种是刀具沿轮廓曲线的法向切入和切出，此时刀具的切入与切出点尽量选在内轮廓曲线两几何元素的交点处，如图 3-14 所示；另一种是采用圆弧进退刀方式，如图 3-15 所示。

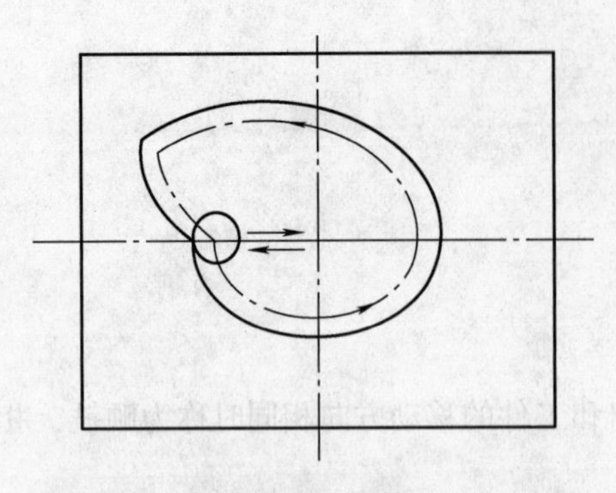

图 3-14 沿内轮廓曲线的法向切入/切出

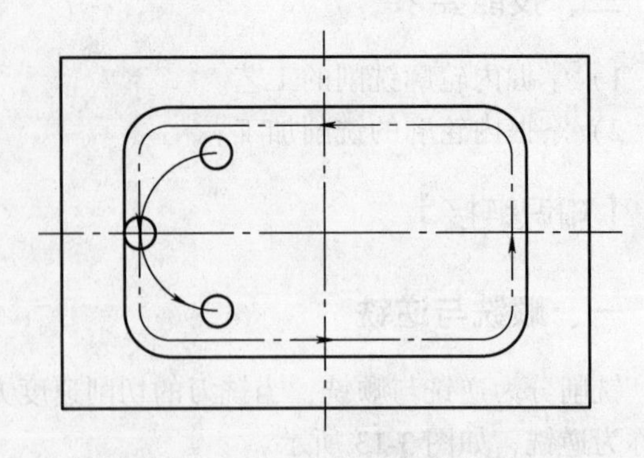

图 3-15 沿内轮廓的圆弧切入/切出

三、内轮廓加工方法

内轮廓的加工方法有行切法、环切法和综合法三种，如图 3-16 所示。其中图 3-16c 所示的综合法是先行切后环切。行切法与环切法都能切削干净内轮廓的全部面积，不留死角，不伤轮廓，同时能尽量减少重复进给的搭接量。其不同点是：行切法的进给路线比环切法的短，但行切法在每两次进给的起点与终点间留下残留面积，从而达不到所要求的表面粗糙度；用环切法获得的表面粗糙度要好于行切法，但环切法需要逐次向外扩展轮廓线，刀位点计算复杂，刀具路径长。综合法则结合了行切法和环切法的优点。

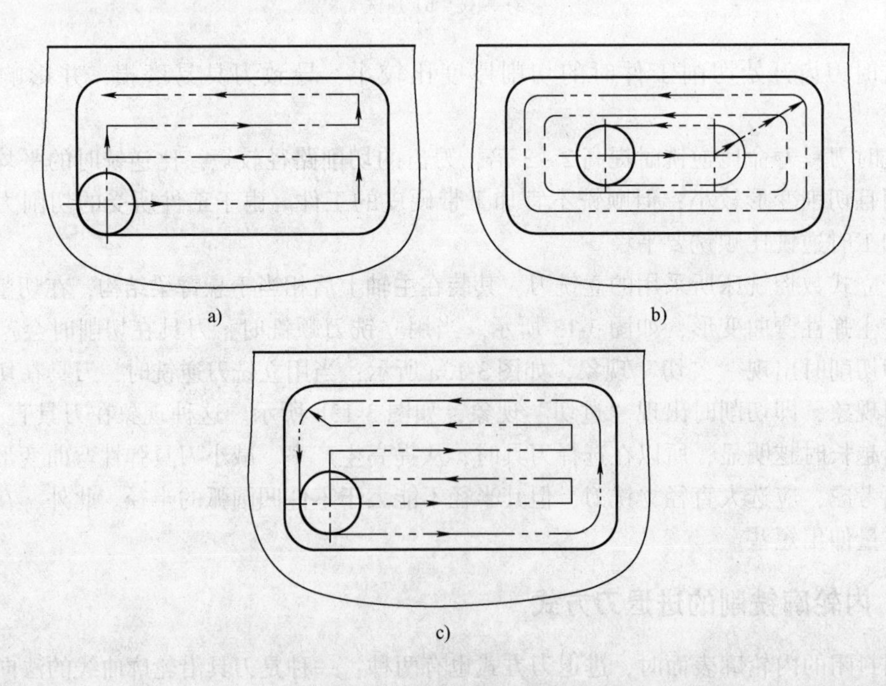

图 3-16 内轮廓加工方法
a）行切法 b）环切法 c）综合法

【任务实施】

一、零件图分析

该零件凹槽轮廓由直线和圆弧构成，且直线与圆弧之间为相切圆滑过渡，槽的各表面的表面粗糙度值均为 $Ra3.2\mu m$。

二、加工工艺分析

1. 根据图样要求确定工艺方案及走刀路线

凹槽的加工分为粗加工和精加工两个工序。粗加工的原则是在短时间内尽快去除加工余量，精加工后达到图样要求的加工质量。

1）以已加工过的底面为定位基准，用数控铣床的机用平口钳夹紧工件的两侧。机用平口钳固定于铣床工作台上。

2）选择法线方向切入和切出，此种情况切入点和切出点应选在零件轮廓两几何要素的交点上，而且进给过程中要避免停顿。

3）工步顺序。

① 采用综合法，先用行切法去除中间部分余量，最后用环切法加工内轮廓表面，既可缩短进给路线，又能获得较好的表面质量。

② 如图 3-17 所示，刀具由 1→2→3→4→5→6→3→7→8→9→10→11→12→13→14→7→1 的顺序按环切方式进行加工，刀具从 3 点运行至 7 点时建立刀具半径补偿，加工结束时刀具从 7 点运行至 1 点过程中取消刀具半径补偿。

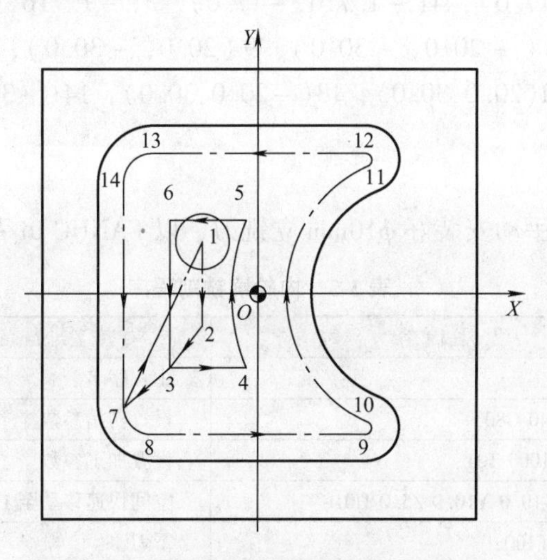

图 3-17　平面内轮廓零件走刀路线

2. 选择机床设备

根据零件图，选用经济型数控铣床进行加工即可满足精度要求。

3. 选择刀具

铣削内轮廓的刀具半径必须小于内轮廓最小圆弧半径，否则将无法加工出内轮廓圆弧。

本任务中的零件凹槽内轮廓最小圆弧半径为 *R*6mm，故所选铣刀直径不得大于 ϕ12mm，此处选用直径为 ϕ10mm 的铣刀。粗加工用键槽铣刀铣削，精加工用能垂直下刀的立铣刀或键槽铣刀铣削。由于毛坯材料为硬铝，故铣刀材料用普通高速工具钢即可。

4. 确定切削参数

切削参数的具体数值应根据该机床性能、刀具材料、工件材料及相关的手册，并结合实际经验确定，详见表 3-4。

表 3-4　主要切削参数

刀具名称	刀具直径/mm	刃数	加 工 内 容	主轴转速/（r/min）	进给速度/（mm/min）
铣刀 T01	ϕ10	4	垂直进给，深度方向留 0.3mm 精加工余量	1000	100
			粗铣内轮廓，轮廓周向留 0.3mm 精加工余量	1000	80
铣刀 T02	ϕ10	4	垂直进给	1200	100
			精铣内轮廓	1200	80

5. 确定工件坐标系和对刀点

在 *XOY* 平面内确定以 *O* 点为工件原点，*Z* 方向以工件上表面为工件原点，建立工件坐标系，如图 3-12 所示。采用手动对刀方法，*O* 点为对刀点。

6. 坐标计算

根据工件原点计算出各节点的坐标。坐标值分别为：1（-10.0，10.0），2（-10.0，-10.0），3（-17.0，-17.0），4（-1.716，-17.0），5（-1.716，17.0），6（-17.0，17.0），7（-30.0，-20.0），8（-20.0，-30.0），9（20.0，-30.0），10（22.308，-18.462），11（22.308，18.462），12（20.0，30.0），13（-20.0，30.0），14（-30.0，20.0）。

三、程序编制

内轮廓铣削程序（手动安装好 ϕ10mm 立铣刀，以 FANUC 0i 系统为例）详见表 3-5。

表 3-5　内轮廓铣削程序

程序段号	程序内容	说　明
	O0020；	主程序名
N010	G90 G49 G40 G80；	设置初始参数
N020	G54 M03 S1000 T01；	设置加工参数
N030	G00 G43 X-10.0 Y10.0 Z5.0 H01；	空间快速移动至 1 点上方
N040	G01 Z-2.7 F100；	下刀
N050	M98 P0021；	调用子程序，粗加工轮廓
N060	G00 Z100.0；	抬刀
N070	M05；	主轴停
N080	M00；	程序停
N090	M03 S1200 T02；	换精铣刀具，主轴正转，转速为 1200r/min
N100	G00 G43 X0 Y10.0 Z5.0 H02；	空间快速移到（*X*0，*Y*10）处

（续）

程序段号	程序内容	说　明
N110	G01 X-10.0 Z-3.0 F100;	螺旋下刀至1点
N120	M98 P0021;	调用子程序，精加工轮廓
N130	G00 Z100.0;	抬刀
N140	M02;	程序结束
N150	O0021;	子程序名
N160	G01 X-10.0 Y-10.0 F80;	从1点直线加工至2点
N170	X-17.0 Y-17.0;	直线加工至3点
N180	X-1.716;	直线加工至4点
N190	G02 Y17.0 R35.0;	圆弧加工至5点
N200	G01 X-17.0;	直线加工至6点
N210	Y-17.0;	直线加工至3点
N220	G41 X-30.0 Y-20.0 D01;	建立半径补偿至7点
N230	G03 X-20.0 Y-30.0 R10.0;	圆弧加工至8点
N240	G01 X20.0;	直线加工至9点
N250	G03 X22.308 Y-18.462 R6.0;	圆弧加工至10点
N260	G02 Y18.462 R20.0;	圆弧加工至11点
N270	G03 X20.0 Y30.0 R6.0;	圆弧加工至12点
N280	G01 X-20.0;	直线加工至13点
N290	G03 X-30.0 Y20.0 R10.0;	圆弧加工至14点
N300	G01 Y-20.0;	直线加工至7点
N310	G40 X-10.0 Y10.0;	移动至1点并取消刀补
N320	M99;	子程序结束

四、零件加工

1. 机床加工操作

1）测量刀具长度。将所使用的刀具安装到刀柄上，用刀具测量仪器测量刀具长度，调整好刀具尺寸并记录测量数据。

2）起动机床。打开主控电源开关、气源开关、控制面板开关。

3）回机床原点。

4）刀具安装与参数设置。将刀具安装到主轴上，并在CNC刀具参数表中输入D、H地址的刀具参数。

5）程序输入。在编辑模式下将程序输入到控制系统中，并检查输入程序的正确性。

6）工件的定位装夹。将机用平口钳安装在机床上，找正后将工件夹持在机用平口钳上；工件装夹完毕后，建立工件坐标系。

7）试运行。

8）试运行无误后可进行自动加工，加工完后测量尺寸。对未达到图样要求的尺寸，在可修复的情况下再进行加工，直至符合图样要求。

2. 数控仿真

根据数控程序，仿真加工结果如图3-18所示。

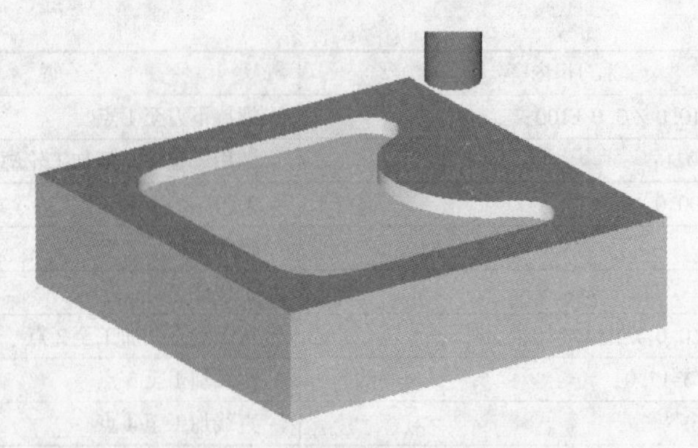

图 3-18　内轮廓仿真加工结果

五、零件检验

使用以下量具分别对零件精度进行检验：

① 游标卡尺（0～150mm），精度为 0.02mm。

② 游标深度卡尺（0～200mm），精度为 0.02mm。

③ 百分表及表座（0～10mm），精度为 0.01mm。

④ 表面粗糙度样块（N0～N1），精度为 12 级。

【任务评价】

任务评价项目见表 3-6。

表 3-6　任务评价项目

项　　目	序号	技 能 要 求	配　　分	得　　分
工艺分析与程序编制（45%）	1	零件加工工艺	10 分	
	2	刀具卡	5 分	
	3	工序卡	5 分	
	4	加工程序	25 分	
仿真与机床操作（35%）	5	仿真系统（机床）基本操作	20 分	
	6	仿真工件（零件）与尺寸	15 分	
职业能力（5%）	7	学习及操作态度	5 分	
文明生产（15%）	8	文明操作及团队协作	15 分	
总　　计				

任务三　组合件加工

【任务目标】

一、任务描述

编写图 3-19 所示组合件零件的加工程序。图 3-19a 所示零件毛坯为 70mm × 70mm ×

30mm 板材（六面均已精加工），图 3-19b 所示零件毛坯为 70mm × 70mm × 20mm 板材（六面均已精加工），两毛坯材料均为 45 钢。

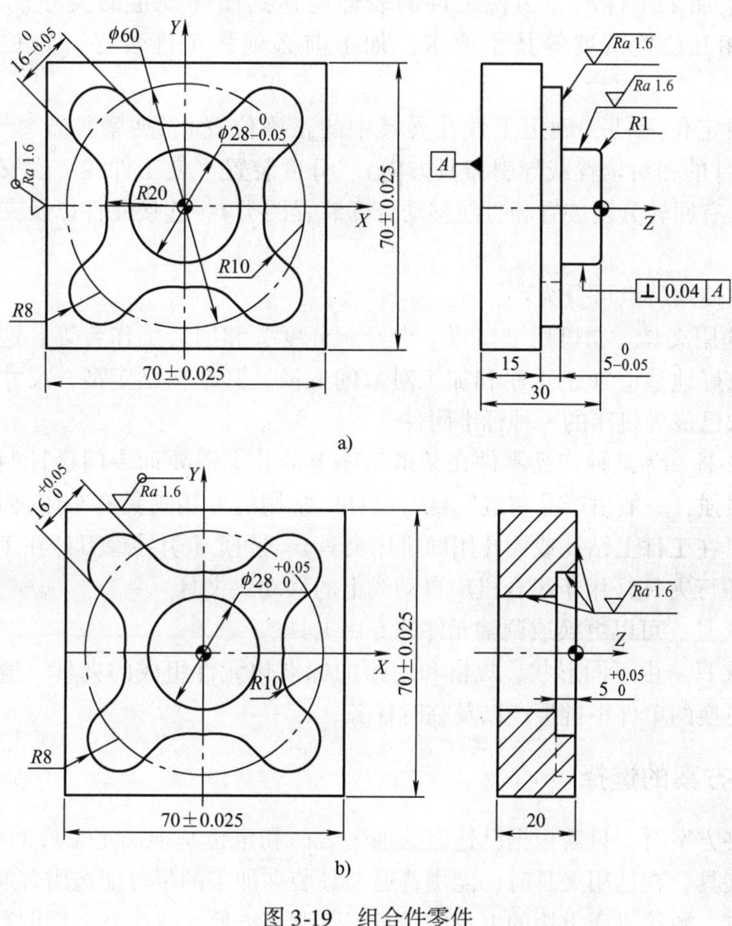

图 3-19　组合件零件

a）凸件　b）凹件

二、学习目标

1）数控铣削加工的零件结构工艺性分析。

2）组合件加工的编程方法。

三、技能目标

1）夹具的装夹与找正。

2）几何精度与配合精度分析。

【知识链接】

一、夹具的选择

机械制造过程中用来固定加工对象，使之占有正确的位置，以接受加工或检测的装

置称为夹具，又称卡具。从广义上说，在工艺过程中的任何工序，用来迅速、方便、安全地安装工件的装置，都可称为夹具，如焊接夹具、检验夹具、装配夹具、机床夹具等。在机床上加工工件时，为使工件的表面能达到图样规定的尺寸、几何形状以及与其他表面的相互位置精度等技术要求，加工前必须将工件装好（定位）、夹牢（夹紧）。

夹具通常由定位元件（确定工件在夹具中的正确位置）、夹紧装置 、对刀引导元件(确定刀具与工件的相对位置或导引刀具方向)、分度装置（使工件在一次安装中能完成数个工位的加工，有回转分度装置和直线移动分度装置两类)、连接元件以及夹具体（夹具底座）等组成。

夹具种类按使用特点可分为：

(1）万能通用夹具　如机用平口钳、卡盘、分度头和回转工作台等。这种夹具有很大的通用性，能较好地适应加工工序和加工对象的变换，其结构已定型，尺寸、规格已系列化，其中大多数已成为机床的一种标准附件。

(2）专用夹具　为某种产品零件在某道工序上的装夹需要而专门设计制造，服务对象专一，针对性很强，一般由产品制造厂自行设计。常用的专用夹具有车床夹具、铣床夹具、钻模（引导刀具在工件上钻孔或铰孔用的机床夹具)、镗模（引导镗刀杆在工件上镗孔用的机床夹具）和随行夹具（用于组合机床自动线上的移动式夹具)。

(3）可调夹具　可以更换或调整元件的专用夹具。

(4）组合夹具　由不同形状、规格和用途的标准化元件组成的夹具，适用于新产品试制和产品经常更换的单件小批生产以及临时任务。

二、装夹方案的选择

在确定装夹方案时，只需根据已选定的加工表面和定位基准确定工件的定位夹紧方式，并选择合适的夹具。在选用夹具时，能用普通夹具装夹加工的尽可能选用普通夹具，在经济上可以降低成本。数控机床上用的夹具应满足安装调整方便、刚度好、精度高、耐用度高等要求。选择夹具时主要考虑以下几点：

1）夹紧机构或其他元件不得影响进给，加工部位要敞开。

2）必须保证最小的夹紧变形。

3）装卸方便，辅助时间应尽量短。

4）对小型零件或工序时间不长的零件，可以考虑在工作台上同时装夹几件进行加工，以提高加工效率。

5）夹具结构应力求简单。

6）夹具应便于与机床工作台及工件定位表面间的定位元件连接。

夹具使用注意事项如下：

1）夹紧工件时要松紧适当，用手扳紧手柄，不得借助其他工具加力。

2）强力作业时，应尽量使力朝向固定钳身。

3）不许在活动钳身和光滑平面上敲击作业。

4）对丝杠、螺母等活动表面应经常清洗、润滑，以防生锈。

【任务实施】

一、零件图分析

1. 尺寸精度及配合精度分析

组合件零件的轮廓由直线和圆弧构成，直线与圆弧之间为相切圆滑过渡，尺寸公差都比较高，两零件多尺寸均要求公差0.05mm，配合精度要求较低。

2. 几何精度分析

要求凸件$\phi 28_{-0.05}^{\ 0}$mm的圆柱面与平面A垂直，垂直度公差为0.04mm。

3. 表面粗糙度分析

切削区域面积较大，表面粗糙度值也比较低，达到$Ra1.6\mu m$，比较难加工，所以必须确定合理的加工余量。

二、加工工艺分析

1. 根据图样要求确定工艺方案及走刀路线

1）两个零件外形为长方体，可选用机用平口钳装夹。

2）根据零件的要求，外轮廓及型腔采用立铣刀粗铣→精铣完成。

3）加工工序划分。

① 凸件。加工ϕ28mm的外圆→加工“X”形外轮廓。

② 凹件。加工中间ϕ28mm的圆孔→加工“X”形内轮廓。

2. 选用数控铣床

根据工件的技术要求，选用经济型数控铣床即可满足加工要求。

3. 选择刀具

根据相关条件选用合适的刀具，并将刀具的直径输入刀具参数表中，详见表3-7、表3-8。

4. 确定切削用量

切削用量的具体数值应根据所选机床性能、相关的手册，并结合实际经验确定，详见表3-7、表3-8。

表3-7　凸件加工工艺

工 步 内 容	刀 具 规 格	主轴转速/（r/min）	进给速度/（mm/min）	背吃刀量/mm
粗加工外圆	ϕ20mm立铣刀	600	150	2
粗加工外轮廓	ϕ20mm立铣刀	600	150	2
精加工外圆	ϕ16mm立铣刀	700	80	0.1
精加工外轮廓	ϕ12mm立铣刀	1000	80	2

表3-8　凹件加工工艺

工 步 内 容	刀 具 规 格	主轴转速/（r/min）	进给速度/（mm/min）	背吃刀量/mm
粗加工中心孔	ϕ20mm键槽铣刀	600	150	2
粗加工中心孔至尺寸ϕ28mm	ϕ12mm立铣刀	1000	130	2
粗加工内轮廓	ϕ12mm键槽铣刀	1000	130	0.9
精加工内轮廓	ϕ12mm立铣刀	1000	130	0.1

5. 确定工件坐标系和对刀点

在 *XOY* 平面内确定以 *O* 点为工件原点，*Z* 方向以工件上表面为原点，建立工件坐标系，如图 3-20 所示。采用手动对刀方法，*O* 点为对刀点。

6. 坐标计算

如图 3-20 所示，各节点坐标值分别为：*A*(20.0, 0)，*B*(19.799, -2.828)，*C*(22.627, -11.314)，*D*(26.87, -15.556)，*E*(15.556, -26.87)，*F*(11.314, -22.627)，*G*(2.828, -19.799)，*H*(0, -20.0)。

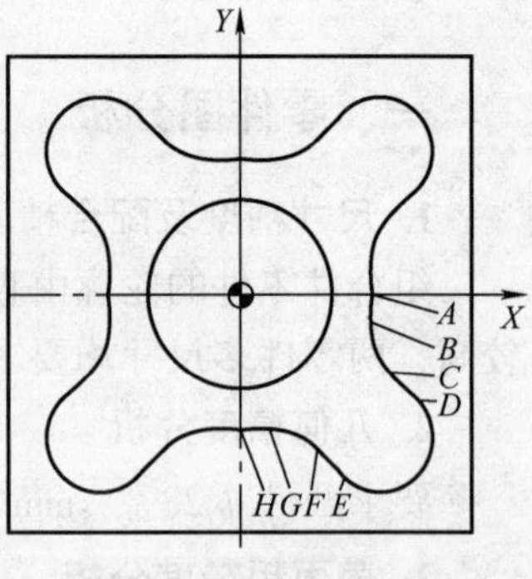

图 3-20　编程节点

三、程序编制

1. 加工凸件程序

（1）ϕ28mm 外圆精加工程序（表 3-9）

表 3-9　ϕ28mm 外圆精加工程序

程序段号	程序内容	说　明
	O0030;	程序名
N020	G90 G54 G00 X50.0 Y10.0;	设定起始点
N030	Z100.0;	设定起始高度
N040	S700 M03;	主轴转速 700r/min
N050	X40.0;	
N060	Z5.0;	
N070	G01 Z0 F80;	
N080	G41 X14.0 Y0 D01;	设定刀具半径补偿
N090	G02 I-14.0 Z-2.0;	螺旋下刀
N100	Z-4.0;	
N110	Z-6.0;	
N120	Z-8.0;	
N130	Z-10.0;	
N140	I-14.0;	
N150	G01 G40 X40.0;	
N160	G00 Z100;	
N170	M05;	
N180	M30;	

（2）外轮廓精加工程序（表 3-10）

表 3-10　外轮廓精加工程序

程序段号	程序内容	说　明
	O0031;	主程序名
N020	G90 G54 G00 X40.0 Y10.0;	设定起始点
N030	Z50.0;	设定起始高度

（续）

程序段号	程序内容	说　明
N040	S1000 M03；	
N050	G01 Z0 F80；	
N060	M98 P0002；	调用 O0002 子程序
N070	M98 P0001 L3；	调用 3 次 O0001 子程序
N080	G00 Z100.0；	
N090	G69；	坐标系旋转
N100	M05；	
N110	M30；	
	O0001；	子程序 O0001
N130	G91 G68 X0 Y0 P-90；	
N140	G90 M98 P0002；	
N150	M99；	
	O0002；	子程序 O0002
N170	G01 G41 X30.0 Y0；	执行刀具半径补偿指令
N180	Z-15.0；	
N190	G03 X20.0 Y0 R10；	
N200	G02 X19.799 Y-2.828 R20；	
N210	G03 X22.627 Y-11.314 R10；	
N220	G01 X26.87 Y-15.556；	
N230	G02 X15.556 Y-26.87 R8；	
N240	G01 X11.314 Y-22.627；	
N250	G03 X2.828 Y-19.799 R10；	
N260	G02 X0 Y-20.0 R20；	
N270	G03 X-10.0 Y-30.0 R10；	
N280	G40 X0；	
N290	Z10.0；	
N300	M99；	子程序结束

2. 加工凹件程序

（1）ϕ28mm 圆孔精加工程序（表 3-11）

表 3-11　ϕ28mm 圆孔精加工程序

程序段号	程序内容	说　明
	O0032；	程序名
N020	G90 G54 G00 X0 Y0；	设定起始点
N030	Z100.0；	设定起始高度
N040	S1000 M03；	
N050	Z10.0；	
N060	G01 Z0 F60；	
N070	G41 X14 D01；	
N080	G03 I-14 Z-2.0；	螺旋下刀

（续）

程序段号	程序内容	说　明
N090	I-14 Z-4. 0；	
N100	I-14 Z-6. 0；	
N110	I-14 Z-8. 0；	
N120	I-14 Z-10. 0；	
N130	I-14 Z-12. 0；	
N140	I-14 Z-14. 0；	
N150	I-14 Z-16. 0；	
N160	I-14；	
N170	G01 G40 X0；	
N180	G00 Z100. 0；	
N190	M05；	
N200	M30；	

（2）内轮廓精加工程序（表3-12）

表3-12　内轮廓精加工程序

程序段号	程序内容	说　明
	O0033；	主程序名
N020	G90 G54 G00 X0 Y0；	设定起始点
N030	Z100. 0；	设定起始高度
N040	S1000 M03；	
N050	G01 Z0 F130；	
N060	M98 P0002；	
N070	M98 P0001 L3；	
N080	G00 Z100. 0；	
N090	G69；	
N100	M05；	
N110	M30；	
	O0001；	子程序名
N130	G91 G68 X0 Y0 P90；	
N140	G90 M98 P0002；	
N150	M99；	
	O0002；	子程序名
N170	G00 X0 Y0；	
N180	Z-2. 5；	
N190	G41 X10. 0 Y-10. 0 D01；	
N200	G03 X20. 0 Y0 R10；	
N210	G03 X19. 799 Y2. 828 R20；	
N220	G02 X22. 627 Y11. 314 R10；	
N230	G01 X26. 87 Y15. 556；	
N240	G03 X15. 556 Y26. 87 R8；	

（续）

程序段号	程序内容	说　明
N250	G01 X11. 314 Y22. 627；	
N260	G02 X2. 828 Y19. 799 R10；	
N270	G03 X0 Y20. 0 R20；	
N280	G03 X-10. 0 Y10. 0 R10；	
N290	G40 X0 Y0；	
N300	Z10. 0；	
N310	M99；	

四、零件加工

1. 机床加工操作

1）测量刀具长度。将所使用的刀具安装到刀柄上，用刀具测量仪器测量刀具长度，调整好刀具尺寸并记录测量数据。

2）起动机床。打开主控电源开关、气源开关、控制面板开关。

3）回机床原点。

4）刀具安装与参数设置。将刀具安装到主轴上，并在 CNC 刀具参数表中输入 D、H 地址的刀具参数。

5）程序输入。在编辑模式下将程序输入到控制系统中，并检查输入程序的正确性。

6）工件的定位装夹。将机用平口钳安装在机床上，找正后将工件夹持在机用平口钳上；工件装夹完毕后，建立工件坐标系。

7）试运行。

8）试运行无误后可进行自动加工，加工完后测量尺寸。对未达到图样要求的尺寸，在可修复的情况下再进行加工，直至符合图样要求。

2. 仿真加工结果

根据数控程序，仿真加工结果如图 3-21 所示。

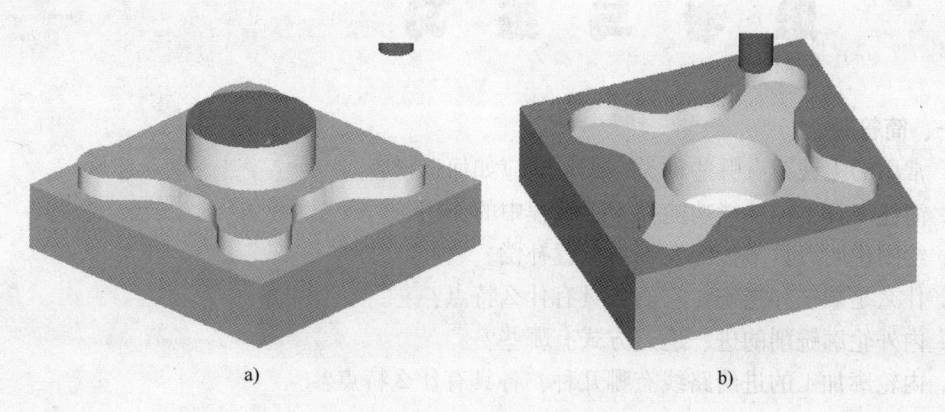

图 3-21　组合件仿真加工结果

a）凸件仿真加工结果　b）凹件仿真加工结果

五、零件检验

使用以下量具分别对零件精度进行检验：

① 游标卡尺（0～150mm），精度为0.02mm。

② 游标深度卡尺（0～200mm），精度为0.02mm。

③ 百分表及表座（0～10mm），精度为0.01mm。

④ 表面粗糙度样块（N0～N1），精度为12级。

【任务评价】

任务评价项目见表3-13。

表3-13 任务评价项目

项目	序号	技能要求	配分	得分
工艺分析与程序编制（45%）	1	零件加工工艺	10分	
	2	刀具卡	5分	
	3	工序卡	5分	
	4	加工程序	25分	
仿真与机床操作（35%）	5	仿真系统（机床）基本操作	20分	
	6	仿真工件（零件）与尺寸	15分	
职业能力（5%）	7	学习及操作态度	5分	
文明生产（15%）	8	文明操作及团队协作	15分	
总计				

思考与练习

一、简答题

1. 常用的立铣刀有哪些种类？其尺寸应如何选择？
2. 简述刀具半径补偿功能在手工编程中的作用。
3. 绘图说明刀具半径的左、右偏置补偿。
4. 什么是顺铣和逆铣？它们各具有什么特点？
5. 内外轮廓铣削的进、退刀方式有哪些？
6. 内轮廓加工的进给路线有哪几种？各具有什么特点？

二、编程题

1. 练习编写图3-22所示凸台外轮廓（单件生产）加工工艺及程序。毛坯为96mm ×

80mm×20mm 长方块（六个表面已精加工），材料为 45 钢。

2. 零件轮廓如图 3-23 所示，毛坯为 120mm×80mm×20mm 板材，该型腔由直线和圆弧构成，直线与圆弧之间为相切圆滑过渡，要求$40^{+0.02}_{0}$mm 的型面与中心平面 *A* 对称，对称度公差为 0.025mm，各表面的表面粗糙度值均为 *Ra*3.2μm，编写精加工程序。

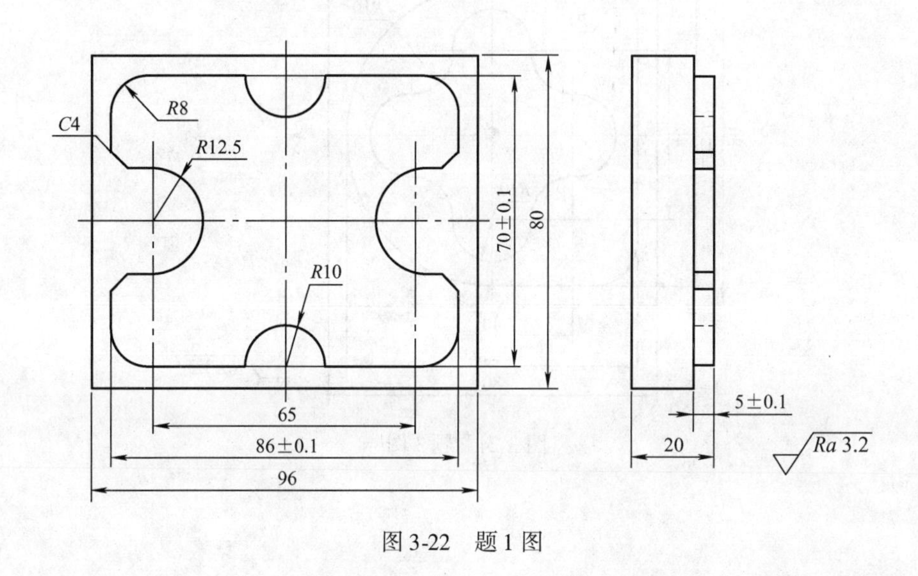

图 3-22　题 1 图

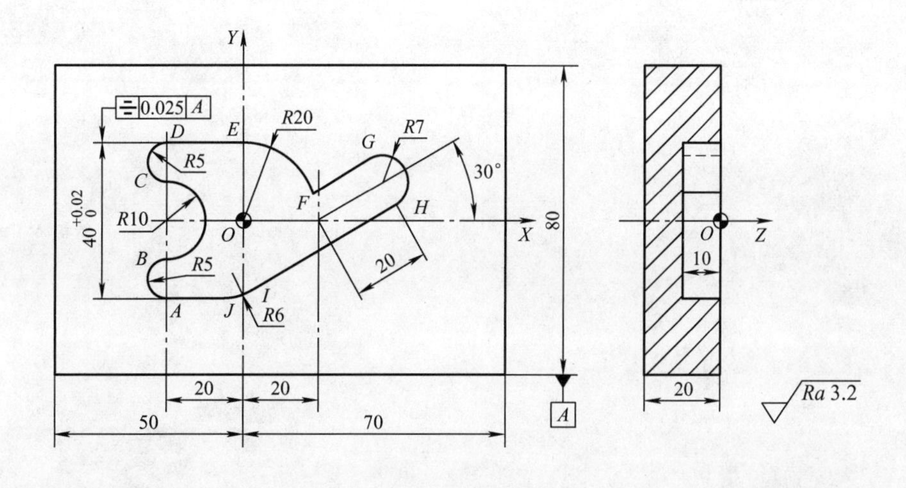

图 3-23　题 2 图

3. 练习编写图 3-24 所示零件加工工艺及程序，毛坯为 80mm×80mm×18mm 长方块（80mm×80mm 四面及底面已加工），材料为 45 钢。

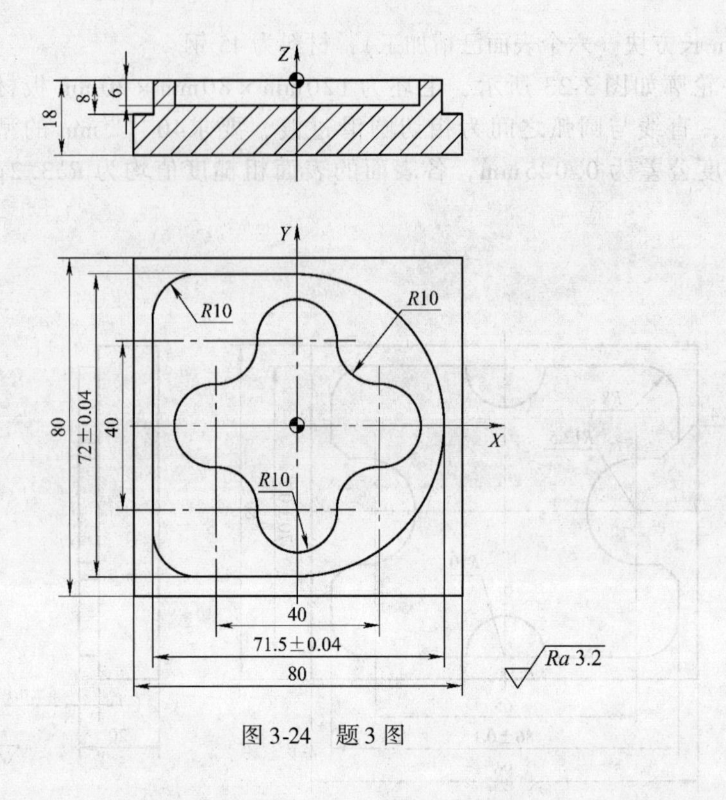

图 3-24　题 3 图

模块四 孔的加工

任务一 钻孔、镗孔、铣孔

【任务目标】

一、任务描述

试在数控铣床上完成图4-1所示垫块上沉孔及通孔的加工。零件材料为45钢，在加工前，其余轮廓均已加工完成。

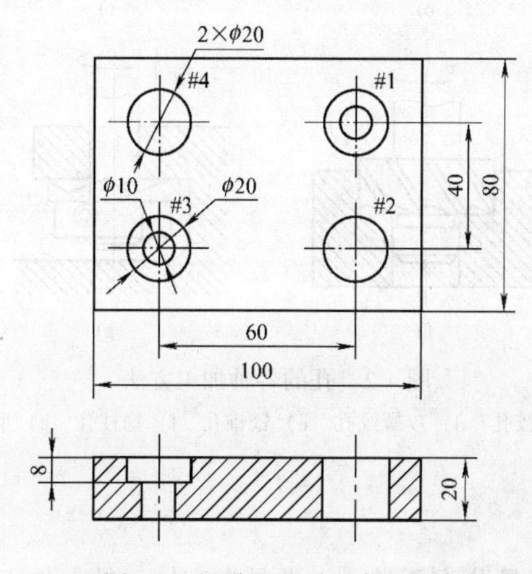

图4-1 沉孔及通孔的加工图例

本任务主要涉及钻孔、镗孔及铣孔的加工。因此，在编程过程中需掌握孔加工固定循环编程方法及加工工艺等理论知识。在编写孔加工固定循环程序时，要注意避免刀具以G00方式进刀与退刀时与夹具或工件发生干涉。此外，还要注意孔的精度的影响因素。

二、学习目标

1）学习钻孔循环指令及其编程特点。

2）学习G43、G44、G49指令编程方法及其应用。

3）了解钻孔、镗孔、铣孔所采用的刀具的特点。

4）了解孔的类型。

三、技能目标

1）掌握钻孔、镗孔、铣孔的工艺及工艺参数的选择。

2）掌握孔的加工方法。

【知识链接】

一、孔的类型

孔是各种机器零件上出现最多的几何要素之一。孔表面的加工方法很多，其中钻削加工和镗削加工是孔加工的主要方法，除此之外，还有扩孔、锪孔、铰孔、铣孔、攻螺纹孔、拉孔、磨孔等。如图4-2所示。

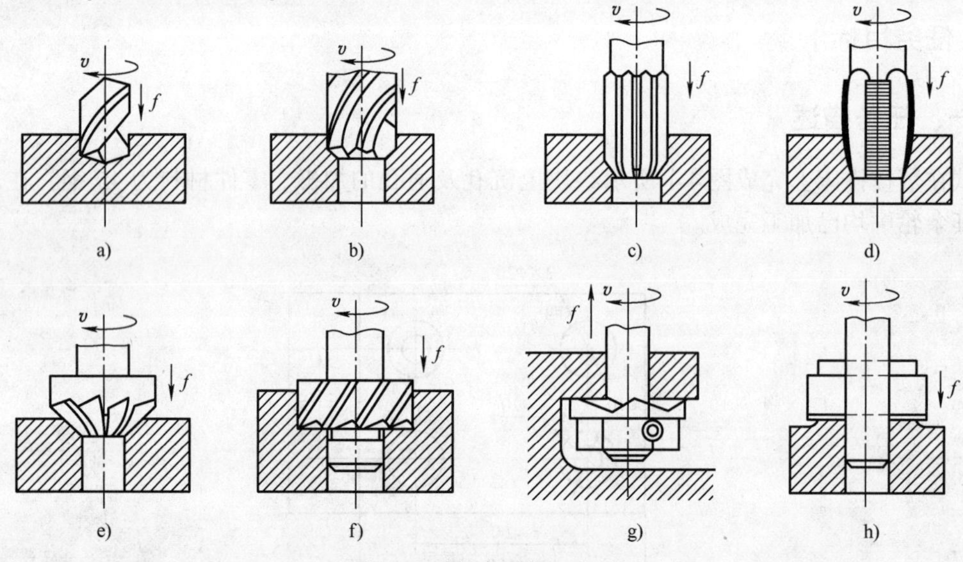

图4-2 孔的各种加工方法

a）钻孔 b）扩孔 c）铰孔 d）攻螺纹孔 e）锪锥孔 f）锪柱孔 g）反锪鱼眼坑 h）锪凸台

二、孔加工用刀具

机械加工中的孔加工刀具分为两类：一类是在实体工件上加工孔的刀具，如中心钻、麻花钻、扁钻及深孔钻等；另一类是对工件上已有孔进行再加工的刀具，如扩孔钻、锪钻、铣刀、镗刀、铰刀等。

下面简单介绍几种常用孔加工刀具。

1. 钻孔刀具

在数控铣床、加工中心上钻孔，大多采用普通麻花钻。麻花钻有高速工具钢麻花钻和硬质合金麻花钻两种。

麻花钻的组成如图4-3所示，它主要由工作部分、空刀和柄部组成，工作部分又包括导向部分和切削部分。

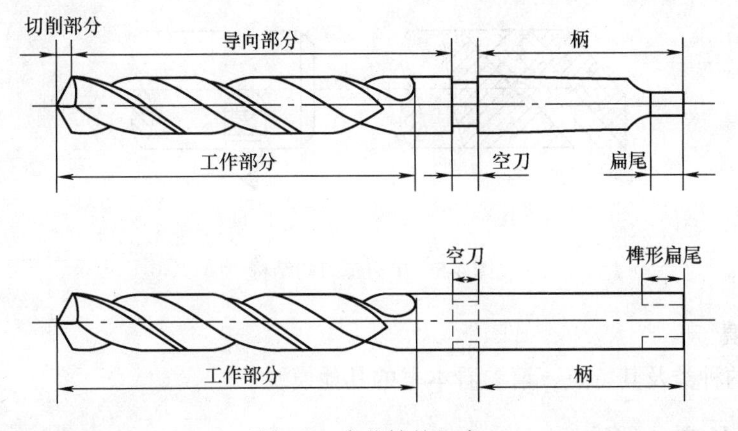

图 4-3　麻花钻的组成

麻花钻的切削部分有两个主切削刃、两个副切削刃和一个横刃，如图 4-4 所示。其主要结构参数为：螺旋角 β，刃带切线与钻头轴线的夹角，一般 $\beta=18°\sim30°$；前角 γ_o；后角 α_o；顶角 2Φ，两个主切削刃在平行于钻头轴线平面上投影的夹角，通常 $2\Phi=116°\sim120°$，标准麻花钻的顶角 $2\Phi=118°$；横刃斜角 ψ，横刃与主切削刃在钻头垂直轴线平面上投影的夹角，通常为 $47°\sim55°$。

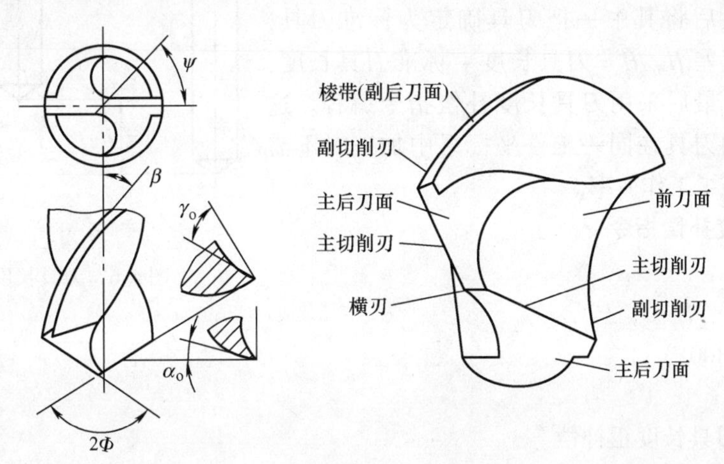

图 4-4　麻花钻切削部分的组成

2. 镗孔刀具

镗孔所用刀具为镗刀，其种类很多，按切削刃数量可分为单刃镗刀和双刃镗刀。镗削通孔、阶梯孔和不通孔可选用单刃镗刀。单刃镗刀的结构类似于车刀，如图 4-5 所示，用螺钉装夹在镗杆上，刚度差，切削时易引起振动，所以镗刀的主偏角选得较大，以减少切削力，所镗孔径的大小靠调整刀具的悬伸长度来保证，调整麻烦，效率低，只能用于单件小批生产。镗削大直径孔可选用双刃镗刀，这种镗刀头部可以在较大范围内进行调整，且调整方便，最大镗孔直径可达 1000mm。双刃镗刀的两个切削刃在两个对称方向同时切削，故可消除因切削力使镗杆产生变形而造成的加工误差。用双刃镗刀切削时，孔的直径尺寸是由刀具保证的，刀具外径是根据工件孔径确定的，结构比单刃镗刀复杂。刀片和刀杆制造较困难，但生产率较高，所以，使用于加工精度要求较高，生产批量大的场合。

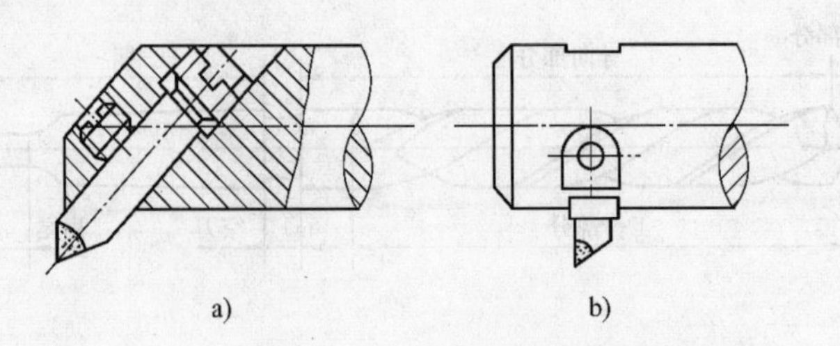

图 4-5　单刃镗刀的结构

3. 铣孔刀具

铣孔刀具的种类及其特点，请参看本书的其他模块。

三、刀具长度补偿

1. 刀具长度补偿的意义

不同的刀具长度一般是不同的，为了有统一的坐标系，每换一次刀都要重新对刀，这样工作效率就会很低。为了实现采用不同长度的刀具在同一工件坐标系中加工的目的，通常在编程中采用刀具长度补偿。首先用机外对刀仪或测量工具测出每把刀具的长度；然后将其中一把刀具确定为标准刀具，计算刀具的长度差 H，H = 刀具长度 – 标准刀具长度，如图 4-6 所示；最后采用刀具长度补偿指令编程。这样，不同长度的刀具在同一工件坐标系中加工时不需重新对刀，提高了工作效率。

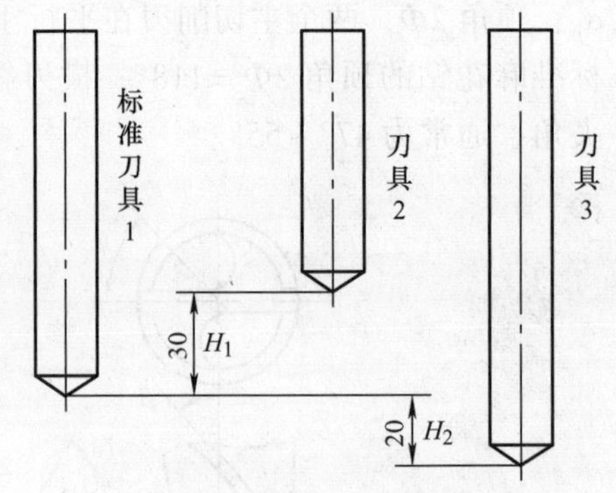

图 4-6　刀具长度补偿示意

2. 刀具长度补偿指令

（1）格式

G43/G44 Z _ H _；

G49；（或 H00；）

（2）说明

① G43 为刀具长度正补偿。

② G44 为刀具长度负补偿。

③ Z 为补偿轴的终点坐标。

④ H 为长度补偿偏置号。

⑤ G49 或 H00 为取消刀具长度补偿。

⑥ G43、G44、G49 都是模态代码，可相互注销。

3. 刀具长度补偿指令执行过程

假定的理想刀具长度与实际使用的刀具长度之差作为偏置值设定在偏置存储器中，使用刀具长度补偿指令可在不改变程序的情况下实现对 Z 轴运动指令的终点位置正向或负向补偿。用 G43（正向偏置）、G44（负向偏置）指令偏置的方向，用 H 指令设定在偏置存储器中的偏置量。无论是绝对值编程还是增量值编程，由 H 代码指定的已存入偏置存储器中的偏置值在执行 G43 指令时进行加运算，在执行 G44 指令时则是从 Z 轴运动指令的终点坐标值中减去偏置值，计算后的坐标值为终点坐标，如图 4-7 所示。偏置号可用 H00 ~ H99 来指

定。偏置值与偏置号对应，可通过 MDI/CRT 预先设置在偏置存储器中。对应偏置号 00 即 H00 的偏置值通常为 0，因此对应于 H00 的偏置量不设定。

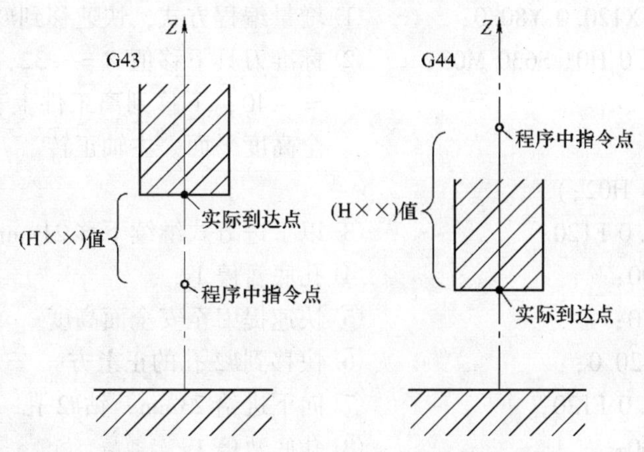

图 4-7 G43/G44 刀具长度补偿指令执行结果

例如，H01 的偏置值为 20.0，H02 的偏置值为 30.0 时，执行 G43 指令会有如下两种结果：

G90 G43 Z100.0 H01； *Z* 将达到 120.0

G90 G43 Z100.0 H02； *Z* 将达到 130.0

注意：在不同轴上进行刀具长度补偿时，必须进行刀具长度补偿轴的切换，因此必须取消一次刀具长度补偿。执行下列指令将出现报警：

G43 Z _H _；

G43 X _H _； 报警

【例 4-1】 对图 4-8 所示的零件进行钻孔加工，按标准刀具进行对刀编程，现测得实际刀具比标准刀具短 8mm，若设定 H01 = －8mm，H02 = 8mm。

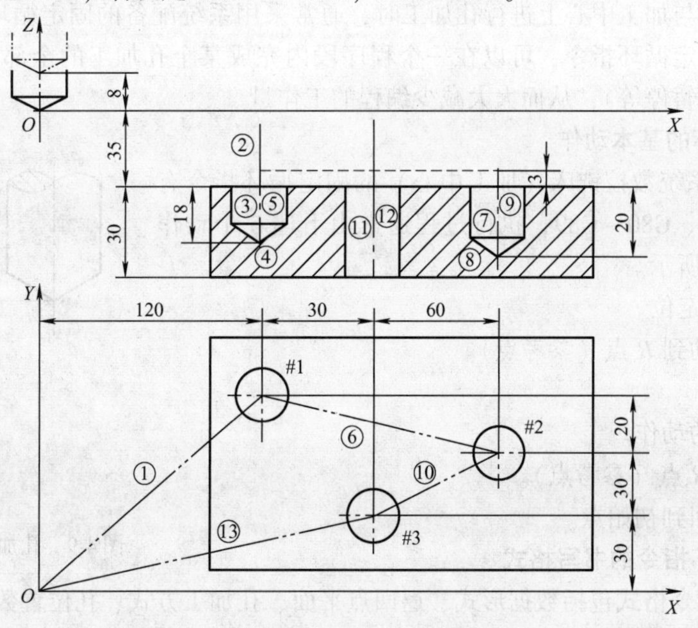

图 4-8 刀具长度补偿功能的应用示例

参考程序如下：

程序	说明
O0005;	主程序名
N10 G91 G00 X120.0 Y80.0;	① 增量编程方式，快速移到#1 孔正上方
N20 G43 Z-32.0 H01 S630 M03;	② 标准刀具下移值 $Z = -32$，实际刀具下移值 $Z = -40$，下移到离工件上表面距离 3mm 的安全高度平面。主轴正转
(或 G44 Z-32.0 H02;)	
N30 G01 Z-21.0 F120;	③ 以工进方式继续下移 21mm
N40 G04 P1000;	④ 孔底暂停 1s
N50 G00 Z21.0;	⑤ 快速提刀至安全面高度
N60 X90.0 Y-20.0;	⑥ 快移到#2 孔的正上方
N70 G01 Z-23.0 F120;	⑦ 向下进给 23mm，钻#2 孔
N80 G04 P1000;	⑧ 孔底暂停 1s
N90 G00 Z23.0;	⑨ 快速上移 23mm，提刀至安全平面
N100 X-60.0 Y-30.0;	⑩ 快移到#3 孔的正上方
N110 G01 Z-35.0 F120;	⑪ 向下进给 35mm，钻#3 孔
N120 G49 G00 Z67.0;	⑫ 标准刀具快速上移 67mm，实际刀具上移 75mm，提刀至初始平面
N130 X-150.0 Y-30.0;	⑬ 刀具返回初始位置处
N140 M05;	主轴停转
N150 M30;	程序结束

四、数控铣床（加工中心）的固定循环

在数控铣床与加工中心上进行孔加工时，通常采用系统配备的固定循环指令进行编程。通过使用这些固定循环指令，可以在一个程序段内完成某个孔加工的全部动作（孔加工进给、退刀、孔底暂停等），从而大大减少编程的工作量。

1. 固定循环的基本动作

FANUC 0i 系统数控铣床（加工中心）的固定循环指令有 G73、G74、G76、G80 ~ G89，执行过程通常由下述 6 个动作构成，如图 4-9 所示。

① X、Y 轴定位。

② 快速运动到 R 点（参考点）。

③ 孔加工。

④ 在孔底的动作。

⑤ 退回到 R 点（参考点）。

⑥ 快速返回到初始点。

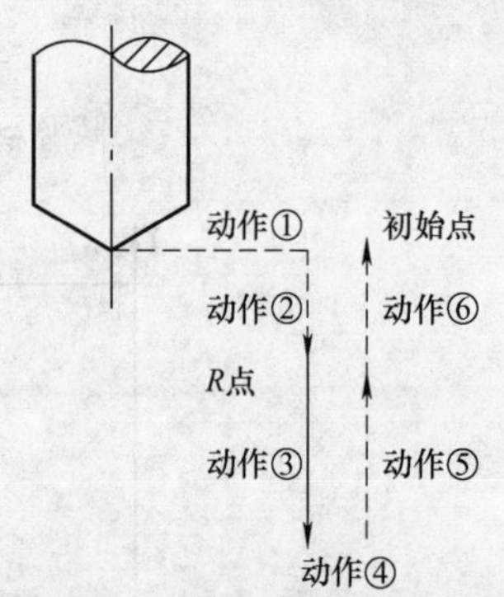

图 4-9 孔加工固定循环的动作

2. 固定循环指令的书写格式

固定循环指令格式包括数据形式、返回点平面、孔加工方式、孔位置数据、孔加工数据和循环次数。数据形式（G90 或 G91）在程序开始时就已指定，如图 4-10 所示，因此在固

定循环程序格式中可不注出。固定循环指令格式如下：

G98（G99）G __X __Y __Z __R __Q __P __I __J __K __F __L __；

说明：① 第一个 G 代码（G98 或者 G99）为返回点平面 G 代码，执行 G98 指令返回初始平面，执行 G99 指令返回 *R* 点平面。

② 第二个 G 代码指定孔加工方式，即固定循环代码 G73、G74、G76 和 G81 ~ G89 中的任一个。

③ X、Y 指定孔位数据，指被加工孔的位置。

④ Z 指定 *R* 点到孔底的距离（G91 时）或孔底坐标（G90 时）。

⑤ R 指定初始点到 *R* 点的距离（G91 时）或 *R* 点的坐标值（G90 时）。

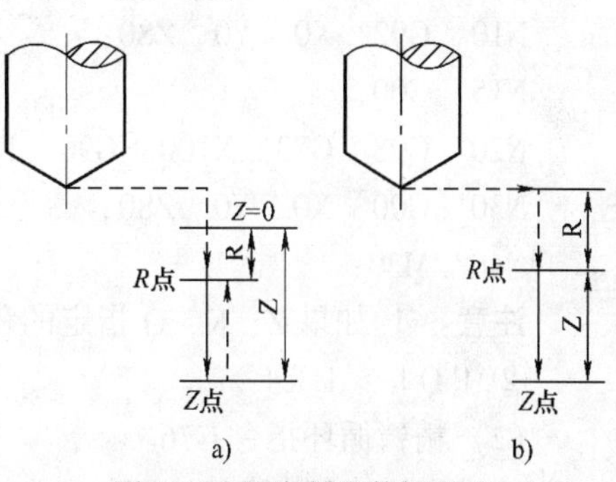

图 4-10 固定循环数据形式
a）G90 格式 b）G91 格式

⑥ Q 指定每次进给深度（G73 或 G83 时），是增量值，Q < 0。

⑦ K 指定每次退刀（G73 或 G83 时）刀具位移增量，K > 0。

⑧ I、J 指定刀尖向反方向的移动量（分别在 *X*、*Y* 轴方向上）。

⑨ P 指定刀具在孔底的暂停时间，暂停时间单位为 ms。

⑩ F 指定切削进给速度。

⑪ L 指定固定循环的次数。

⑫ G73、G74、G76 和 G81 ~ G89、Z、R、P、F、Q 、I、J、K 是模态代码。G80、G01 ~ G03 等代码可以取消固定循环。

3. 钻孔、镗孔、铣孔固定循环指令介绍

（1）高速深孔加工循环指令 G73

1）格式。G98（G99）G73 X __Y __Z __R __Q __K __F __L __；

2）功能。该固定循环用于 *Z* 轴的间歇进给，使深孔加工时容易排屑，减少退刀量，可以进行高效率的加工，如图 4-11 所示。

3）说明。

① X、Y 指定孔的位置。

② Q 指定每次向下的钻孔深度。增量值，取负值。

③ Z 指定绝对编程时孔底 *Z* 点的坐标值，增量编程时孔底 *Z* 点相对于参考点 *R* 的增量值。

④ K 指定每次向上的退刀量，增量值，取正值。

⑤ F 指定钻孔进给速度。

⑥ R 指定绝对编程时参考点 *R* 的坐标值，增量编程时参考点 *R* 相对于初始点 *B* 的增量值。

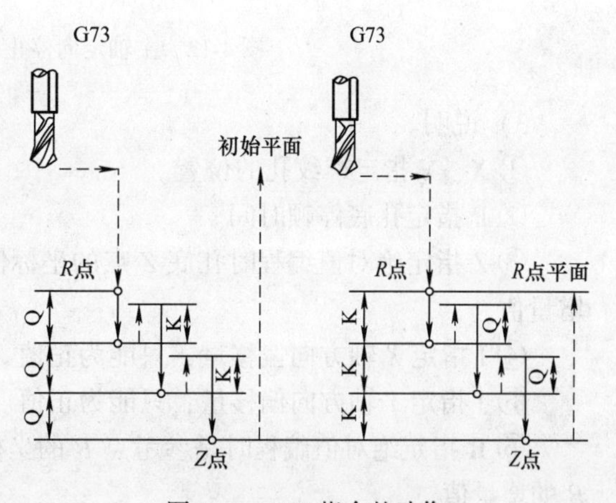

图 4-11 G73 指令的动作

⑦ L 指定循环次数，一般用于多孔加工的简化编程。

示例程序如下：

```
O0073;
N10  G92  X0  Y0  Z80;
N15  G00;
N20  G98  G73  X100  G90  R40  Q-10  K5  Z-10  F200;
N30  G00  X0  Y0  Z80;
N40  M30;
```

注意：① 如果 Z、K、Q 指定的移动量为零时，该指令不执行。

② |Q| ＞|K|。

（2）精镗循环指令 G76

1）格式。G98（G99）G76 X _Y _Z _R _P _I _J _F _L _;

2）功能。精镗时，主轴在孔底定向停止后，向刀尖反方向移动，然后快速退刀。刀尖反向位移量用地址 I、J 指定，其值只能为正值。I、J 是模态代码，位移方向由装刀时确定，如图 4-12 所示。

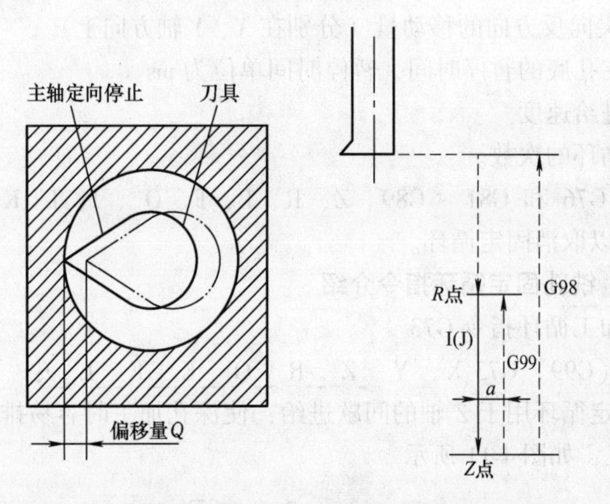

图 4-12　主轴定向停止与偏移及 G76 指令的动作

3）说明。

① X、Y 指定螺纹孔的位置。

② P 指定孔底停顿时间。

③ Z 指定绝对值编程时孔底 *Z* 点的坐标值；增量值编程时孔底 *Z* 点相对于参考点 *R* 的增量值。

④ I 指定 *X* 轴方向偏移量，只能为正值。

⑤ J 指定 *Y* 轴方向偏移量，只能为正值。

⑥ R 指定绝对值编程时是参考点 *R* 的坐标值；增量值编程时是参考点 *R* 相对于初始点 *B* 的增量值。

⑦ L 指定循环次数，一般用于多孔加工的简化编程。

⑧ F 指定镗孔进给速度。

示例程序如下：

O0076;

N10 G92 X0 Y0 Z80;

N15 G00;

N20 G99 G76 X100 G91 R40 P2 I2 Z-40 F200;

N30 G00 X0 Y0 Z80;

N40 M30;

注意：① 如果Z为零，该指令不执行。

② 指令执行过程中有主轴准停，教学机上不能用。

（3）钻孔循环（定点钻）指令G81

1）格式。G98（G99）G81 X _Y _Z _R _F _L _;

2）功能。G81指令的动作循环，包括*X*，*Y*坐标定位，快进、工进和快速返回等动作，如图4-13所示。

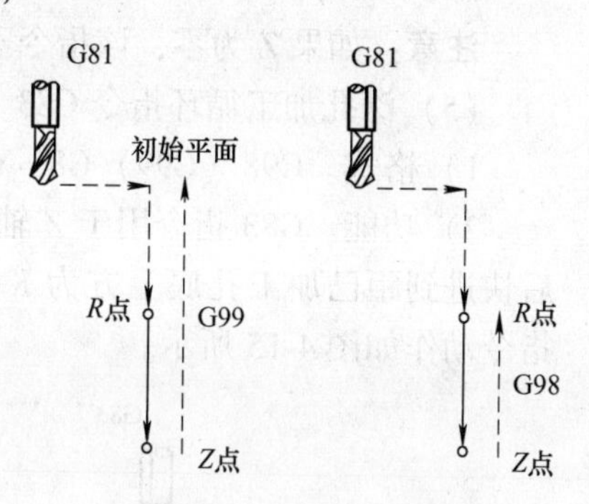

图4-13 G81指令的动作

3）说明。

① X、Y指定孔的位置。

② Z指定绝对值编程时孔底*Z*点的坐标值，增量值编程时孔底*Z*点相对于参考点*R*的增量值。

③ R指定绝对值编程时参考点*R*的坐标值，增量值编程时参考点*R*相对于初始点*B*的增量值。

④ F指定钻孔进给速度。

⑤ L指定循环次数，一般用于多孔加工的简化编程。

示例程序如下：

O0081;

N10 G92 X0 Y0 Z80;

N15 G00;

N20 G99 G81 G90 X100 R40 Z-10 F200;

N30 G90 G00 X0 Y0 Z80;

N40 M30;

注意：如果Z为零，该指令不执行。

（4）带停顿的钻孔循环指令G82

1）格式。G98（G99）G82 X _Y _Z _R _P _F _L _;

2）功能。G82指令主要用于加工沉孔、不通孔，以提高孔深精度。指令动作除了要在孔底暂停外，其他动作与G81指令相同，如图4-14所示。

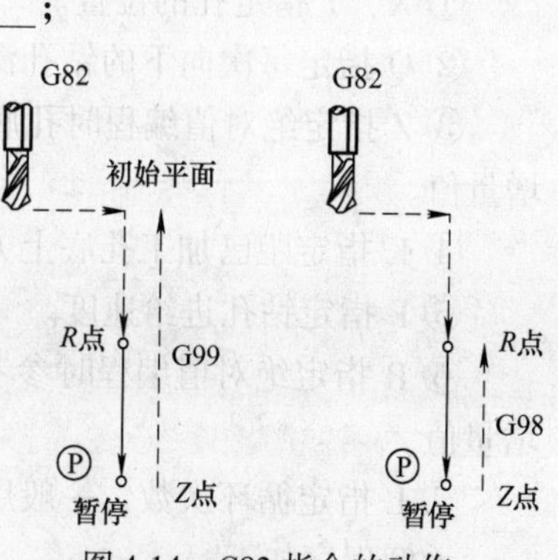

图4-14 G82指令的动作

3）说明。

① X、Y指定孔的位置。

② Z指定绝对编程时孔底*Z*点的坐标值，增量编程时孔底*Z*点相对于参考点*R*的增量值。

③ R指定绝对编程时是参考点*R*的坐标值，增量编程时参考点*R*相对于初始点*B*的增量值。

④ P 指定孔底暂停时间。

⑤ F 指定钻孔进给速度。

⑥ L 指定循环次数，一般用于多孔加工的简化编程。

示例程序如下：

```
O0082;
N10  G92  X0  Y0  Z80;
N15  G00;
N20  G99  G82  G90  X100  R40  P2  Z-10  F200;
N30  G90  G00  X0  Y0  Z80;
N40  M30;
```

注意：如果 Z 为零，该指令不执行。

（5）深孔加工循环指令 G83

1）格式。G98（G99）G83 X __Y __Z __R __Q __K __F __L __；

2）功能。G83 指令用于 *Z* 轴的间歇进给，每向下钻一次孔后，快速退到参考点 *R*，然后快进到距已加工孔底上方为 K 的位置，再工进钻孔，使深孔加工时更利于排屑、冷却，指令动作如图 4-15 所示。

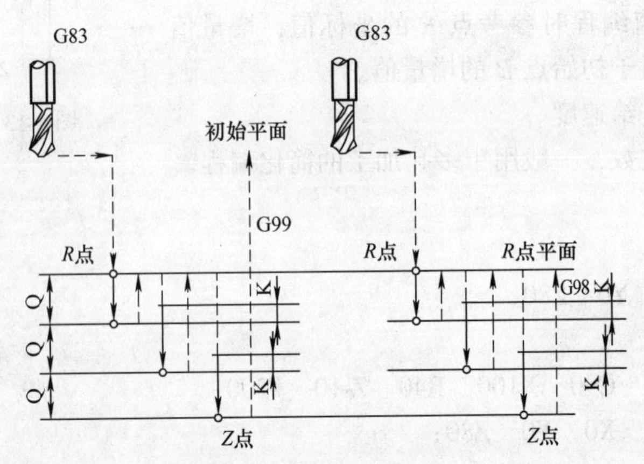

图 4-15　G83 指令的动作

3）说明。

① X、Y 指定孔的位置。

② Q 指定每次向下的钻孔深度，增量值，取负值。

③ Z 指定绝对值编程时孔底 *Z* 点的坐标值；增量值编程时孔底 *Z* 点相对于参考点 *R* 的增量值。

④ K 指定距已加工孔底上方的距离，增量值，取正值。

⑤ F 指定钻孔进给速度。

⑥ R 指定绝对值编程时参考点 *R* 的坐标值，增量值编程时参考点 *R* 相对于初始点 *B* 的增量值。

⑦ L 指定循环次数，一般用于多孔加工的简化编程。

示例程序如下：

O0083；

N10　G92　X0　Y0　Z80；

N15　G00；

N20　G99　G83　G90　X100　R40　Q-10　K5　Z-10　F200；

N30　G90　G00　X0　Y0　Z80；

N40　M30；

注意：如果 Z、Q、K 为零，该指令不执行。

（6）镗孔循环指令 G86

1）格式。G98（G99）G86 X＿Y＿Z＿R＿F＿L＿；

2）说明。G86 指令与 G81 指令相同，但在孔底时主轴停止，然后快速退回，退回到 *R* 点或起始点后主轴再重新起动，指令动作如图 4-16 所示。

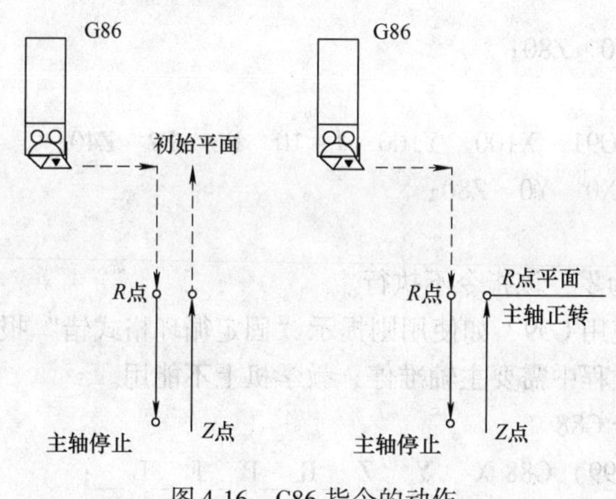

图 4-16　G86 指令的动作

示例程序如下：

O0086；

N10　G92　X0　Y0　Z80；

N15　G00；

N20　G98　G86　G90　X100　R40　Q-10　K5　Z-10　F200；

N30　G90　G00　X0　Y0　Z80；

N40　M30；

注意：如果 Z 为零，该指令不执行。

（7）反镗孔循环指令 G87

1）格式。G98　G87 X＿Y＿Z＿R＿P＿I＿J＿F＿L＿；

2）指令动作说明。刀具快移到初始点 *B*→主轴定向停转 OSS→反向偏移 I 或 J 量→快移到参照高度→偏移到参考点 *R*→主轴正转→向上工进镗孔→延时 P 秒→主轴定向停转 OSS→反向偏移 I 或 J 量→ 快速抬刀到安全高度→偏移到初始点 *B*→主轴正转，如图 4-17 所示。

示例程序如下：

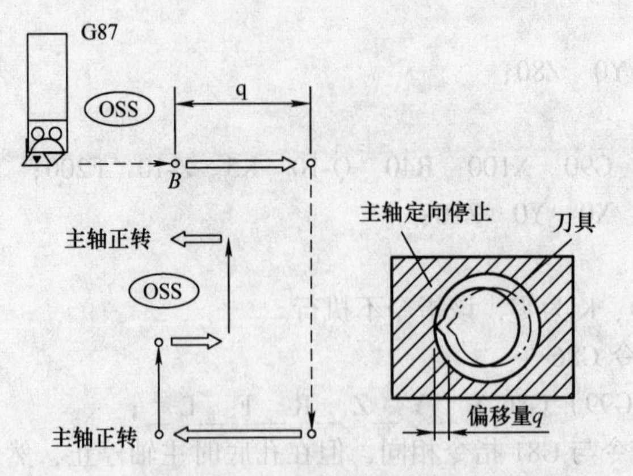

图 4-17　G87 指令的动作

```
O0087;
N10  G92  X0  Y0  Z80;
N15  G00  F200;
N20  G98  G87  G91  X100  Y100  I-10  R0  P2  Z40;
N30  G90  G00  X0  Y0  Z80;
N40  M30;
```

注意：① 如果 Z 为零，该指令不执行。

② G87 指令不得使用 G99，如使用则提示“固定循环格式错”报警。

③ G87 指令执行过程中需要主轴准停，教学机上不能用。

（8）镗孔循环指令 G88

1）格式。G98（G99）G88 X _Y _Z _R _P _F _L _；

2）说明。G88 指令的循环动作如图 4-18 所示。工进镗孔到孔底，延时 P 指令设定的时间后主轴停止旋转，机床停止进给，将工作方式置为手动，并将刀具从孔中手动退出。到初始平面或参照平面上方后，起动主轴正转，再将工作方式置为自动，按循环启动键，刀具返回初始点 *B* 或参考点 *R*，继续运行后续的程序。该指令不需主轴准停。

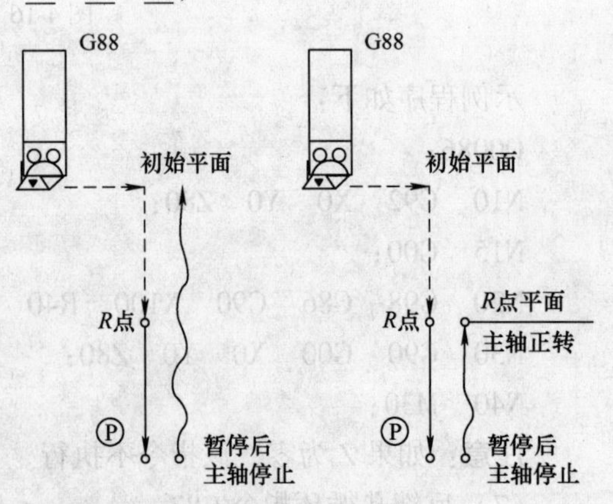

图 4-18　G88 指令的动作

示例程序如下：

```
O0088;
N10  G92  X0  Y0  Z80;
N15  G00  F200;
N20  G98  G88  G90  X100  Y100  R40  P2  Z-10;
N30  G90  G00  X0  Y0  Z80;
N40  M30;
```

注意：如果 Z 为零，该指令不执行。

(9) 镗孔循环指令 G89

1) 格式。G98 (G99) G89X _ Y _ Z _ R _ P _ F _ L _;

2) 说明。G89 指令与 G86 指令相同，但在孔底有暂停，即孔底延时，主轴停止，如图 4-19所示。

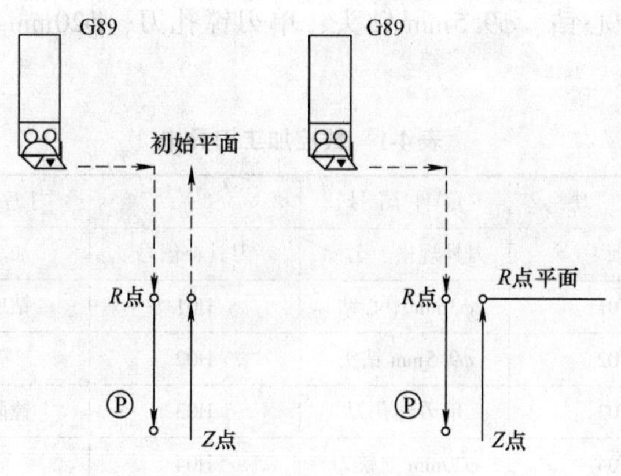

图 4-19 G89 指令的动作

示例程序如下：

```
O0089;
N10  G92  X0  Y0  Z80;
N15  G00;
N20  G99  G89  G90  X100  Y100  R40  Q-10  K5  P2  Z-10  F200;
N30  G90  G00  X0  Y0  Z80;
N40  M30;
```

注意：如果 Z 为零，该指令不执行。

【任务实施】

一、零件图分析

根据本任务零件图可知，零件材料为 45 钢，在孔加工工序前毛坯所有外表面已经加工完毕。

二、加工工艺分析

1. 分析加工工艺，确定零件加工的工艺方案和工步

对于孔尺寸及位置精度要求较高的零件，为防止钻头钻孔时引偏，在钻孔前应增加钻中心孔工序。结合本任务图例特点，为达到较高的尺寸精度，应对孔进行再加工，以保证其尺寸及精度。

参考工艺方案：钻中心孔→钻孔→镗孔（或铣孔）。

工步 1：钻中心孔，深度为 3mm。

工步 2：钻孔，由于是通孔，钻削深度要留有刀具导出量，导出量应大于钻头刀尖长度，一般为5mm左右，因此钻孔深度为25mm。

工步3：镗阶梯孔，镗两个阶梯孔到深度8mm。

工步4：铣孔，预钻孔 ϕ10mm，铣削至图样要求尺寸 ϕ20mm。

2. 选择刀具并填写刀具卡片

分别选择 ϕ3mm 中心钻、ϕ9.5mm 钻头、单刃镗孔刀、ϕ20mm 立铣刀，填写数控加工刀具卡，见表4-1。

表4-1 数控加工刀具卡

零件名称	垫　块	零件图号		工序卡编号	
工步号	刀具号	刀具规格、名称	刀具补偿号	加工内容	备注
1	T01	ϕ3mm 中心钻	H01	钻中心孔	
2	T02	ϕ9.5mm 钻头	H02	钻孔	
3	T03	单刃镗孔刀	H03	镗阶梯孔	
4	T04	ϕ20mm 立铣刀	H04	铣孔	

3. 选择装夹、定位方式

工件在工作台上的安放要兼顾各个工位的加工，要考虑刀具长度及其刚度对加工工件的影响，所以在加工垫块的四个孔时，应将工件放在工作台的正中位置，可采用机用平口钳装夹，这样可减少刀杆伸出长度，提高其刚度。

4. 选择切削用量

切削用量的选择应保证零件加工精度和表面粗糙度，充分发挥刀具切削性能，保证合理的刀具寿命；能充分发挥机床的性能，最大限度提高生产率，降低成本。查表得出切削用量，填写数控加工工序卡，见表4-2。

表4-2 数控加工工序卡

零件名称	垫　块	程序名	O4001	使用夹具	机用平口钳	零件材料	45钢
工步号	工步内容	刀具号	刀具规格、名称	主轴转速/(r/min)	进给速度/(mm/min)	背吃刀量/mm	备注
1	钻中心孔	T01	ϕ3mm 中心钻	1200	150		
2	钻孔	T02	ϕ9.5mm 钻头	800	100		
3	镗阶梯孔	T03	单刃镗孔刀	300	80		
4	铣孔	T04	ϕ20mm 立铣刀	300	80		
编制		审核		日期		第1页	共1页

三、程序编制

1. 编程说明

设定工件中心为编程原点。由于零件简单，各个刀位点的位置可以直接从零件图样中读取。

2. 编写零件的数控加工程序（表4-3）

表4-3 数控加工程序

零件名称	垫 块	工序卡编号	
程序段号	程序内容	说 明	
	O4001；	程序名	
N10	T01 M06；	调用1号刀中心钻	
N20	G90 G54 G00 X-30.0 Y20.0；	快速定位到#1孔加工位置	
N30	S1200 M03；	主轴以1200r/min正转	
N40	G43 Z30.0 H01；	建立刀具长度正补偿	
N50	G99 G81 Z-3.0 R3.0 F150.0；	采用钻孔循环并设置参数	
N60	Y-20.0；	钻#2孔	
N70	X-30.0；	钻#3孔	
N80	G98 Y20.0；	钻#4孔	
N90	G49 G00 X0.0 Y0.0；	取消刀具长度补偿并快速退刀	
N100	M05；	主轴停转	
N110	G91 G28 Z0；	返回参考点	
N120	T02 M06；	换2号刀麻花钻	
N130	G90 G54 G00 X-30.0 Y20.0；	快速定位到#1孔加工位置	
N140	S800 M03；	主轴以800r/min正转	
N150	G43 Z30.0 H02；	建立刀具长度正补偿	
N160	G99 G81 Z-25.0 R3.0 F100.0 M08；	采用钻孔循环并设置参数，开切削液	
N170	Y-20.0；	钻#2孔	
N180	X-30.0；	钻#3孔	
N190	G98 Y20.0；	钻#4孔	
N200	G49 G00 X0.0 Y0.0；	取消刀具长度补偿并快速退刀	
N210	M05；	主轴停转	
N220	G91 G28 Z0；	返回参考点	
N230	T03 M06；	换3号刀，3号刀为镗刀	
N240	G90 G54 G00 X-30.0 Y-20.0；	快速定位到#1孔加工位置	
N250	S300 M03；	主轴以300r/min正转	
N260	G43 Z30.0 H03；	建立刀具长度正补偿	
N270	G99 G76 Z-8.0 R3.0 I1000 P2000 F80.0；	采用精镗孔循环并设置参数	
N280	G98 X30.0 Y20.0；	镗#2孔	
N290	G49 G00 X0.0 Y0.0；	取消刀具长度补偿并快速退刀	
N300	M05；	主轴停转	
N310	G91 G28 Z0；	返回参考点	
N320	T04 M06；	换4号刀立铣刀	
N330	G90 G54 G00 X-30.0 Y20.0；	快速定位到#4孔加工位置	

（续）

零件名称	垫　块	工序卡编号	
程序段号	程序内容	说　明	
N340	S300 M03；	主轴以300r/min正转	
N350	G43 Z30.0 H04；	建立刀具长度正补偿	
N360	G99 G86 Z-21.0 R3.0 F80.0；	采用铣孔循环并设置参数	
N370	G98 X30.0 Y-20.0；	铣#2孔	
N380	G49 G00 X0.0 Y0.0；	取消刀具长度补偿并快速退刀	
N390	M05；	主轴停转	
N400	G91 G28 Z0；	返回参考点	
N410	M09；	切削液停	
N420	M30；	程序结束	

四、零件仿真加工

加工操作步骤如下：

1）测量刀具长度。将所使用的刀具安装到刀柄上，用刀具测量仪器测量刀具长度，调整好刀具尺寸并记录测量数据。

2）起动机床。打开主控电源开关、气源开关、控制面板开关。

3）回机床原点。

4）刀具安装与参数设置。将刀具安装到主轴上，并在CNC刀具参数表中输入D、H地址的刀具参数。

5）程序输入。在编辑模式下将程序输入到控制系统中，并检查输入程序的正确性。

6）工件的定位装夹。将机用平口钳安装在机床上，找正后将工件夹持在机用平口钳上；工件装夹完毕后，建立工件坐标系。

7）试运行。

8）正式加工。试运行无误后可进行自动加工，加工完后测量尺寸。对未达到图样要求的尺寸，在可修复的情况下再进行加工，直至符合图样要求。

五、零件精度检验

1. 孔径的测量

孔径尺寸精度要求较低时，可采用直尺、内卡钳或游标卡尺进行测量；当孔径尺寸精度要求较高时，可采用塞规、内径百分表和内径千分尺测量。

2. 孔距的测量

测量孔距时，通常采用游标卡尺测量。精度较高的孔距也可采用内径千分尺和千分尺配合圆柱测量检验棒进行测量。

3. 孔的其他精度测量

除了要进行孔径和孔距测量外，有时还要进行圆度、圆柱度等形状精度的测量以及径向圆跳动、轴向圆跳动、端面与孔轴线的垂直度等精度测量。

4. 表面粗糙度测量

通常采用表面粗糙度测量仪测量零件表面粗糙度。

【任务评价】

任务评价项目见表 4-4。

表 4-4 任务评价项目

项目	序号	技能要求	配分	得分
工艺分析与程序编制（45%）	1	零件加工工艺	10 分	
	2	刀具卡	5 分	
	3	工序卡	5 分	
	4	加工程序	25 分	
仿真与机床操作（35%）	5	仿真系统（机床）基本操作	20 分	
	6	仿真工件（零件）与尺寸	15 分	
职业能力（5%）	7	学习及操作态度	5 分	
文明生产（15%）	8	文明操作及团队协作	15 分	
总计				

任务二 铰 孔

【任务目标】

一、任务描述

试在数控铣床上完成图 4-20 所示垫块上孔的铰削加工。零件材料为 45 钢，在加工前，其余轮廓、底孔均已加工完成。

本任务主要涉及铰孔加工。因此，在编程过程中需掌握铰孔加工固定循环编程方法及加工工艺等理论知识。在编写孔加工程序时，要注意避免刀具以 G00 方式进刀与退刀过程中与夹具或工件发生干涉。

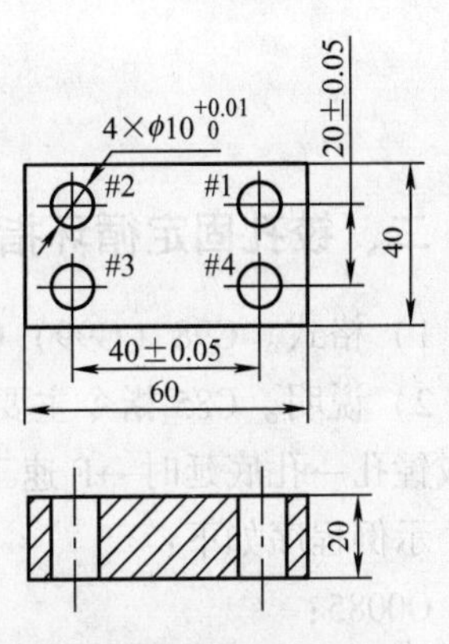

图 4-20 铰削加工图例

二、学习目标

1）了解铰刀的种类及其特点。
2）学习铰削加工的编程方法。

三、技能目标

掌握铰孔工艺及工艺参数的选择。

【知识链接】

一、铰刀的种类及其特点

铰刀有手用铰刀和机用铰刀两种。如图 4-21a 所示。手用铰刀为直柄，工作部分较长。机用铰刀多为锥柄，可装在钻床、车床或镗床上用于铰孔。铰刀的工作部分由切削部分和修光部分组成。切削部分呈锥形，担负切削工作。修光部分起导向和修光作用。铰刀有 6 ~ 12 个切削刃，制造精度高，心部直径较大，刚度和导向性好。铰孔余量小，切削平稳。铰孔尺寸公差等级可达 IT6 ~ IT8，表面粗糙度 *Ra* 值可达 0.4 ~ 1.6μm。

手动铰孔时，用铰杠转动铰刀并轻压进给，如图 4-21b 所示。铰刀不能倒转，否则铰刀与孔壁之间易挤住切屑，造成孔壁划伤或切削刃崩裂。

铰孔适用于加工精度高、直径不大的孔的终加工。手铰时，切削速度低，切削力小，不受机床振动等影响，加工质量比机铰好，但生产率低。

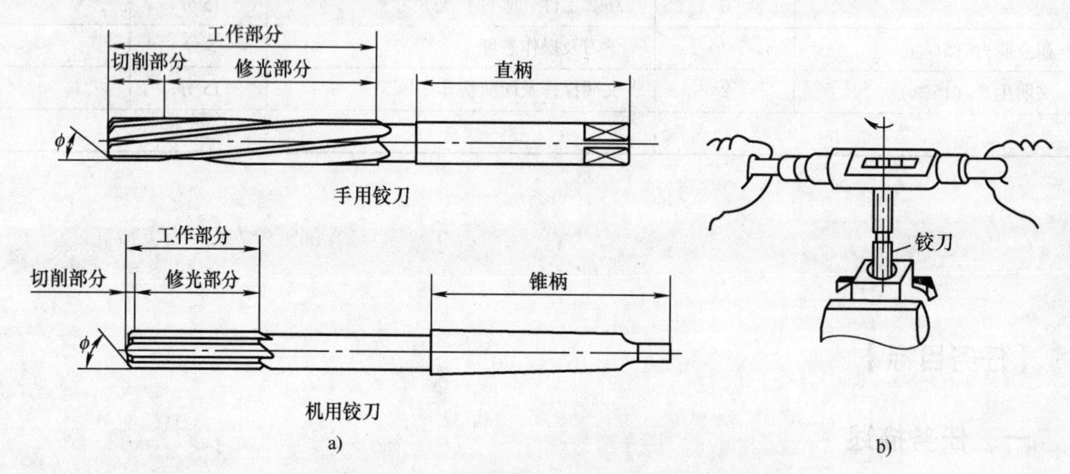

图 4-21　铰刀的种类、组成及铰孔加工

a) 铰刀　b) 铰孔

二、铰孔固定循环指令

1）格式。G98（G99）G85 X_ Y_ Z_ R_ P_ F_ L_；

2）说明。G85 指令主要用于精度要求不太高的镗孔、铰孔加工，其动作为 F 速工进铰孔或镗孔→孔底延时→F 速工退，全过程主轴旋转，如图 4-22 所示。

示例程序如下：

```
O0085；
N10  G92  X0  Y0  Z80；
N15  G00；
N20  G99  G85  X100  G91  R-40  Z-40  F200；
N30  G00  X0  Y0  Z80；
N40  M30；
```

注意：如果Z为零，该指令不执行。

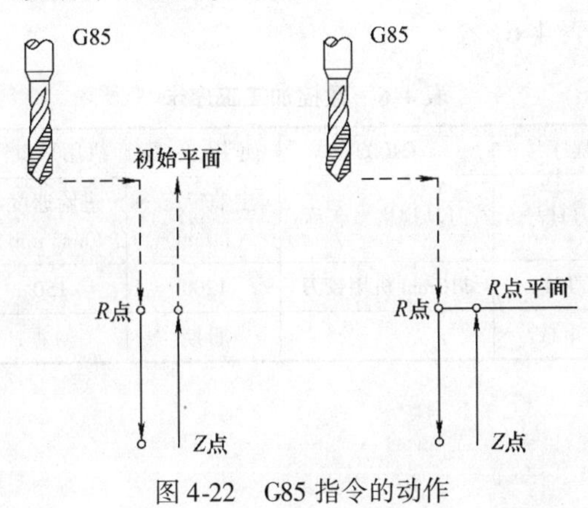

图4-22　G85指令的动作

【任务实施】

一、零件图分析

根据本任务零件图可知，毛坯材料为45钢，在铰孔工序前毛坯所有外表面和底孔已经加工完毕。

二、加工工艺分析

1. 分析加工工艺，确定零件加工的工艺方案和工步

铰孔在孔加工工艺里属于孔的再加工工艺，是对孔的精加工，但是操作不当，同样会出现孔径扩大、孔径缩小、孔呈多边形及表面粗糙度不符合要求等精度缺陷，在加工操作时必须引起注意。

参考工艺方案：铰孔。

工步1：铰孔。铰孔至图样要求尺寸及精度。

2. 选择刀具及确定刀具卡片

选择ϕ10mm的机用铰刀，填写数控加工刀具卡，见表4-5。

表4-5　数控加工刀具卡

零件名称	垫　块	零件图号		工序卡编号	
工步号	刀具号	刀具规格、名称	刀具补偿号	加工内容	备注
1	T01	ϕ10mm机用铰刀	H01	铰孔	

3. 选择装夹、定位方式

工件在工作台上的安放要兼顾各个工位的加工，要考虑刀具长度及其刚度对加工工件的影响，所以在加工以上图样的四个孔时，应将工件放在工作台的正中位置，可采用机用平口钳装夹，这样可减少刀杆伸出长度，提高其刚度。

4. 选择切削用量

切削用量的选择应保证零件加工精度和表面粗糙度，充分发挥刀具切削性能，保证合理的刀具寿命；充分发挥机床的性能，最大限度提高生产率，降低成本。查表得出切削用量，填写数控加工工序卡，见表4-6。

表4-6　数控加工工序卡

零件名称	垫　块	程序号	O4002	使用夹具	机用平口钳	零件材料	45钢
工步号	工步内容	刀具号	刀具规格、名称	主轴转速/(r/min)	进给速度/(mm/min)	背吃刀量/mm	备注
1	铰孔	T01	ϕ10mm 机用铰刀	1200	150		
编制		审核		日期		第1页	共1页

三、程序编制

1. 编程说明

设定工件中心为编程原点。由于零件简单，各个刀位点的位置可以直接从零件图样中读取。

2. 编写零件的数控加工程序（表4-7）。

表4-7　数控加工程序

零件名称	垫　块	工序卡编号	
程序段号	程序内容	说　明	
	O4002;	程序名	
N10	G90 G54 G00 X0.0 Y0.0;	设定初始值	
N20	G43 Z30 H01;	建立刀具长度正补偿	
N30	S1200 M03;	主轴以1200r/min正转	
N40	G99 G85 X20.0 Y10.0 Z-21 R3 F150 M08;	采用铰孔循环指令铰削#1孔并设置参数，切削液开	
N50	X-20.0;	铰#2孔	
N60	Y-10.0;	铰#3孔	
N70	G98 X20.0;	铰#4孔并返回初始平面	
N80	G49 G00 Z100;	取消刀具长度补偿	
N90	G00 X0.0 Y0.0;	刀具快速移动	
N100	M05;	主轴停转	
N110	M30;	程序结束	

四、零件仿真加工

加工操作步骤如下：

1）测量刀具长度。将所使用的刀具安装到刀柄上，用刀具测量仪器测量刀具长度，调整好刀具尺寸并记录测量数据。

2）起动机床。打开主控电源开关、气源开关、控制面板开关。

3）回机床原点。

4）刀具安装与参数设置。将刀具安装到主轴上，并在 CNC 刀具参数表中输入 D、H 地址的刀具参数。

5）程序输入。在编辑模式下将程序输入到控制系统中，并检查输入程序的正确性。

6）工件的定位装夹。将机用平口钳安装在机床上，找正后将工件夹持在机用平口钳上；工件装夹完毕后，建立工件坐标系。

7）试运行。

8）正式加工。试运行无误后，可进行自动加工，加工完后测量尺寸。对未达到图样要求的尺寸，在可修复的情况下再进行加工，直至符合图样要求。

五、零件精度检验

内容同任务一，此处不再赘述。

【任务评价】

任务评价项目见表 4-8。

表 4-8　任务评价项目

项　目	序　号	技能要求	配　分	得　分
工艺分析与程序编制（45%）	1	零件加工工艺	10 分	
	2	刀具卡	5 分	
	3	工序卡	5 分	
	4	加工程序	25 分	
仿真与机床操作（35%）	5	仿真系统（机床）基本操作	20 分	
	6	仿真工件（零件）与尺寸	15 分	
职业能力（5%）	7	学习及操作态度	5 分	
文明生产（15%）	8	文明操作及团队协作	15 分	
总　计				

任务三　攻　螺　纹

【任务目标】

一、任务描述

试在数控铣床上完成图 4-23 所示螺纹孔加工，零件材料为 45 钢。在加工前，其余轮廓、底孔均已加工完成。

本任务主要涉及攻螺纹加工。因此，在编程过程中需掌握螺纹孔加工固定循环编程方法及加工工艺等理论知识。在编写螺纹孔加工固定循环程序时，要注意避免刀具以 G00 方式进刀与退刀过程中与夹具或工件发生干涉。

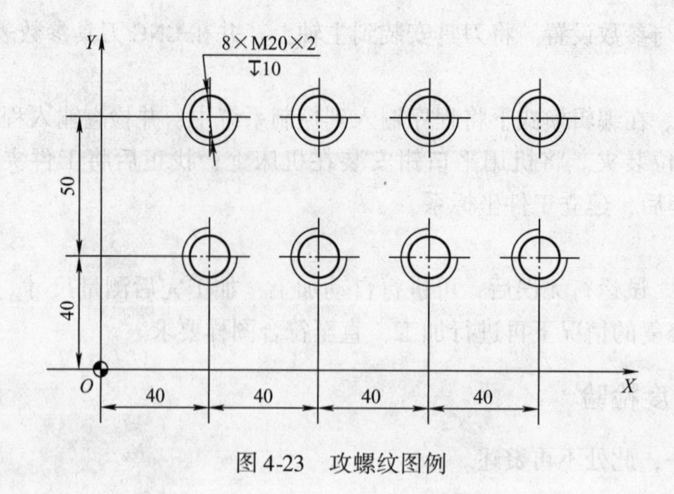

图 4-23　攻螺纹图例

二、学习目标

1）了解丝锥的种类及其特点。

2）学习攻螺纹指令编程方法及其应用。

3）掌握攻内螺纹前底孔直径的确定方法。

三、技能目标

1）掌握攻内螺纹的工艺及工艺参数的选择。

2）掌握内螺纹的加工方法。

【知识链接】

一、攻内螺纹固定循环指令

1. 反攻螺纹循环指令 G74

（1）格式　G98（G99）G74 X _Y _Z _R _P _F _L _;

（2）功能　攻反（左旋）螺纹时主轴反转攻螺纹，到孔底时主轴停止旋转，然后正转退出。攻螺纹时速度倍率旋钮不起作用。使用进给保持时，在全部动作结束前主轴不停止。指令动作如图 4-24 所示。

（3）说明

① X、Y 指定螺纹孔的位置。

② Z 指定绝对值编程时孔底 Z 点的坐标值，增量值编程时孔底 Z 点相对于参考点 R 的增量值。

③ R 指定绝对值编程时参考点 R 的坐标值，增量值编程时是参考点 R 相对于初始点 B 的增量值。

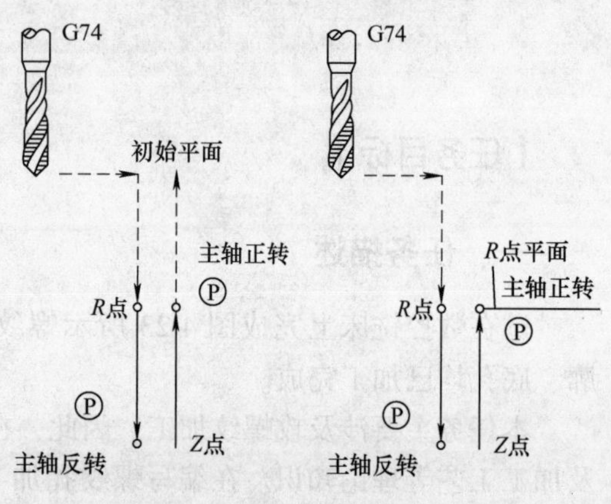

图 4-24　G74 指令的动作

④ P 指定孔底停顿时间。

⑤ F 指定螺纹导程。

⑥ L 指定循环次数，一般用于多孔加工的简化编程。

示例程序如下：

```
O0074；
N10  G92  X0  Y0  Z80  F200；
N20  G98  G74  X100  G90  R40  P2000  Z-10  F1；
N30  G00  X0  Y0  Z80；
N40  M30；
```

注意：如果 Z 为零，该指令不执行。

2. 攻螺纹循环指令 G84

（1）格式　G98（G99）G84X＿Y＿Z＿R＿P＿F＿L＿；

（2）功能　攻正（右旋）螺纹，主轴正转攻螺纹，到孔底时主轴停止旋转，主轴反转退回。攻螺纹时速度倍率旋钮不起作用。使用进给保持时，在全部动作结束前主轴也不停止。指令动作如图 4-25 所示。

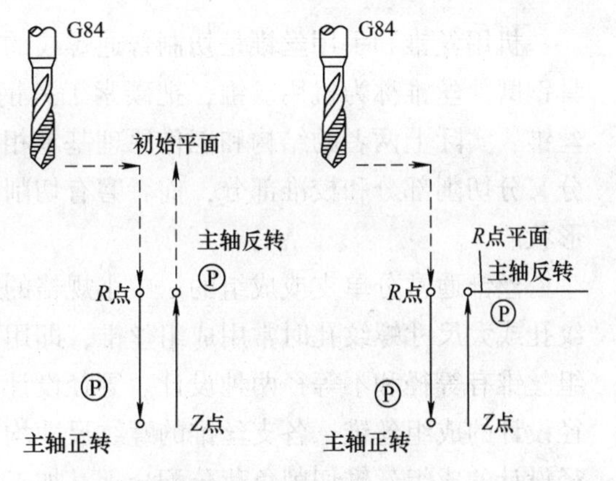

图 4-25　G84 指令的动作

（3）说明

① X、Y 指定螺纹孔的位置。

② Z 指定绝对值编程时孔底 Z 点的坐标值，增量值编程时孔底 Z 点相对于参考点 R 的增量值。

③ R 指定绝对值编程时参考点 R 的坐标值，增量值编程时参考点 R 相对于初始点 B 的增量值。

④ P 指定孔底停顿时间。

⑤ F 指定螺纹导程。

⑥ L 指定循环次数，一般用于多孔加工的简化编程。

示例程序如下：

```
O0084；
N10  G92  X0  Y0  Z80  F200；
N20  G98  G84  X100  G90  R40  P2000  Z-10  F1；
N30  G00  X0  Y0  Z80；
N40  M30；
```

注意：如果 Z 为零，该指令不执行。

二、丝锥的种类及其特点

丝锥为一种加工内螺纹的刀具，按照形状可以分为螺旋丝锥和直刃丝锥，按照使用环境可以分为手用丝锥和机用丝锥，按照规格可以分为米制、美制和英制丝锥，按照产地可以分为进口丝锥和国产丝锥，如图 4-26 所示。丝锥是目前加工螺纹的最主要工具。

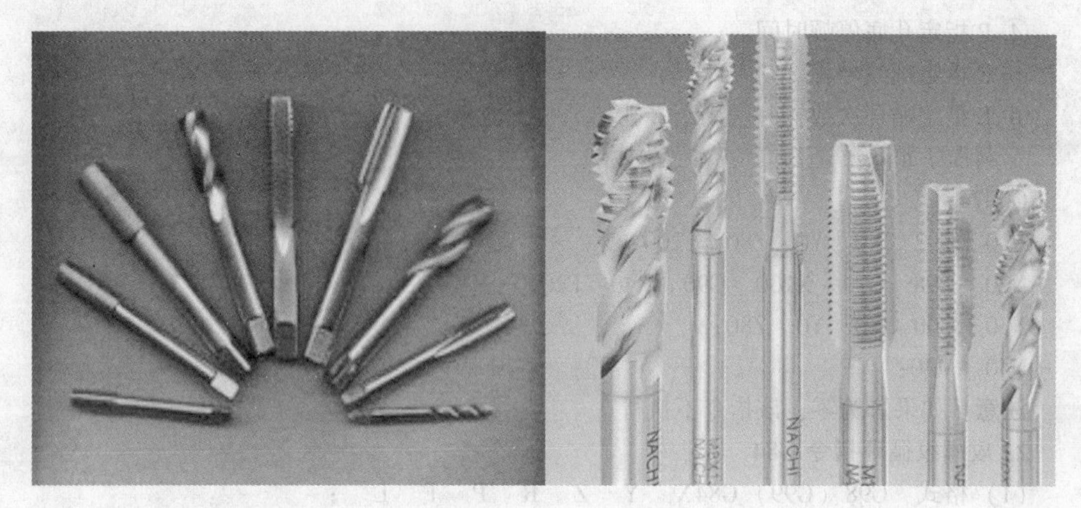

图 4-26　丝锥的种类

机用丝锥和手用丝锥是切制普通螺纹的标准丝锥。我国习惯上把制造精度较高的高速工具钢磨牙丝锥称为机用丝锥，把碳素工具钢或合金工具钢的滚牙（或切牙）丝锥称为手用丝锥，实际上两者的结构和工作原理基本相同。通常，丝锥由工作部分和柄部构成。工作部分又分切削部分和校准部分，前者磨有切削锥，担负切削工作，后者用以校准螺纹的尺寸和形状。

丝锥通常分单支或成组的。中小规格的通孔螺纹可用单支丝锥一次攻成。当加工不通螺纹孔或大尺寸螺纹孔时常用成组丝锥，即用 2 支以上的丝锥依次完成一个螺纹孔的加工。成组丝锥有等径和不等径两种设计。等径设计的成组丝锥，各支丝锥仅切削锥长度不同；不等径设计的成组丝锥，各支丝锥的螺纹尺寸均不相同，只有最后一支才具有完整的齿形。不等径设计的成组丝锥切削负荷分配合理，加工质量高，但制造成本也高。梯形螺纹丝锥常采用不等径设计。

三、攻螺纹前底孔直径的确定方法

攻螺纹时，丝锥在切削金属的同时，还伴随较强的挤压作用，因此金属产生塑性变形形成凸起挤向牙尖，使攻出的螺纹的小径小于底孔直径。

攻螺纹前的底孔直径应稍大于螺纹小径，否则攻螺纹时因挤压作用，使螺纹牙顶与丝锥牙底之间没有足够的容屑空间，将丝锥箍住，甚至折断丝锥。这种现象在攻塑性较大的材料时将更为严重。但底孔直径也不宜过大，否则会使螺纹牙型高度不够，强度降低。

底孔直径的大小通常根据如下经验公式确定：

$$D_{底}=D-P$$（加工钢件等塑性金属）

$$D_{底}=D-P$$（加工铸铁等脆性金属）

式中　$D_{底}$——攻螺纹、钻螺纹底孔用钻头直径（mm）；

D——螺纹大径（mm）；

P——螺纹螺距（mm）。

【任务实施】

一、零件图分析

根据任务图例可知毛坯材料为45钢，在攻螺纹工序前毛坯所有外表面及底孔已经加工完毕。

二、加工工艺分析

1. 分析加工工艺，确定零件加工的工艺方案和工步

本任务仅对已有底孔进行螺纹加工，属于成形精加工，在加工时主要考虑螺纹乱牙或滑牙、丝锥折断、尺寸不正确、螺纹不完整及表面粗糙度不符合要求等误差的消除。

参考工艺方案：攻螺纹。

工步1：攻螺纹至图样要求尺寸及精度。

2. 选择刀具及确定刀具卡片

选择ϕ20mm机用丝锥，填写数控加工刀具卡，见表4-9。

表4-9 数控加工刀具卡

零件名称	垫 块	零件图号		工序卡编号	
工步号	刀具号	刀具规格、名称	刀具补偿号	加工内容	备注
1	T01	ϕ20mm机用丝锥	H01	攻螺纹	

3. 选择装夹、定位方式

工件在工作台上的安放要兼顾各个工位的加工，要考虑刀具长度及其刚度对工件的影响，所以在加工图4-23所示的8个螺纹孔时，应将工件放在工作台的正中位置，可采用机用平口钳装夹，这样可减少刀杆伸出长度，提高其刚度。

4. 选择切削用量

切削用量的选择应保证零件加工精度和表面粗糙度，充分发挥刀具切削性能，保证合理的刀具寿命；充分发挥机床的性能，最大限度提高生产率，降低成本。查表得出切削用量，填写数控加工工序卡，见表4-10。

表4-10 数控加工工序卡

零件名称	垫 块	程序名	O4003	使用夹具	机用平口钳	零件材料	45钢
工步号	工步内容	刀具号	刀具规格、名称	主轴转速/(r/min)	进给速度/(mm/min)	背吃刀量/mm	备注
1	攻螺纹	T01	ϕ20mm机用丝锥	200			
编制		审核		日期		第1页	共1页

三、程序编制

1. 编程说明

设定工件中心为编程原点。由于零件简单，各个刀位点的位置可以直接从零件图样中读取。

2. 编写零件的数控加工程序（表 4-11）

表 4-11　数控加工程序

零件名称	垫　块	工序卡编号	
程序段号	程序内容	说　明	
	O4003；	程序号	
N10	G17 G90 G40 G49 G21；	设定初始值	
N20	G92 X0.0 Y0.0 Z50.0；	建立工件坐标系	
N30	S200 M03；	主轴以 200r/min 正转	
N40	G43 G00 Z10.0 H01；	建立刀具长度正补偿	
N50	G91 Y40.0；	采用增量坐标方式进行定位	
N60	G99 G84 X40.0 Z-22.0 R-5.0 F2 L4；	采用攻螺纹循环并设置参数	
N70	G00 Y50.0；	进行定位	
N80	G99 G84 X-40.0 Z-22 R-5.0 F2 L4；	采用攻螺纹循环并设置参数	
N90	G98；	返回初始点平面	
N100	G49 G00 Z50.0；	取消刀具长度补偿	
N110	X0.0 Y0.0；	快速退刀	
N120	M05；	主轴停转	
N130	M30；	程序结束	

四、零件仿真加工

加工操作步骤如下：

1）测量刀具长度。将所使用的刀具安装到刀柄上，用刀具测量仪器测量刀具长度，调整好刀具尺寸并记录测量数据。

2）起动机床。打开主控电源开关、气源开关、控制面板开关。

3）回机床原点。

4）刀具安装与参数设置。将刀具安装到主轴上，并在 CNC 刀具参数表中输入 D、H 地址的刀具参数。

5）程序输入。在编辑模式下将程序输入到控制系统中，并检查输入程序的正确性。

6）工件的定位装夹。将机用平口钳安装在机床上，找正后将工件夹持在机用平口钳上；工件装夹完毕后，建立工件坐标系。

7）试运行。

8）正式加工。试运行无误后，可进行自动加工，加工完后测量尺寸。对未达到图样要求的尺寸，在可修复的情况下再进行加工，直至符合图样要求。

五、零件精度检验（略）

【任务评价】

任务评价项目见表 4-12。

表 4-12 任务评价项目

项目	序号	技能要求	配分	得分
工艺分析与程序编制（45%）	1	零件加工工艺	10 分	
	2	刀具卡	5 分	
	3	工序卡	5 分	
	4	加工程序	25 分	
仿真与机床操作（35%）	5	仿真系统（机床）基本操作	20 分	
	6	仿真工件（零件）与尺寸	15 分	
职业能力（5%）	7	学习及操作态度	5 分	
文明生产（15%）	8	文明操作及团队协作	15 分	
总计				

1. 什么是初始平面、*R* 点平面和孔底平面？如何定义这几个平面的 *Z* 向高度？

2. 试写出 G83 指令的格式，并简要说明其执行过程。

3. 如何确定攻螺纹时的底孔直径？

4. 试编写图 4-27 所示的端盖零件上沉头孔和销孔的加工程序。底平面、两侧面和 ϕ40H8 型腔已加工完毕，本工序加工端盖的 4 个沉头孔和 2 个销孔。零件材料为 HT150，加工数量为 5000 件/年。

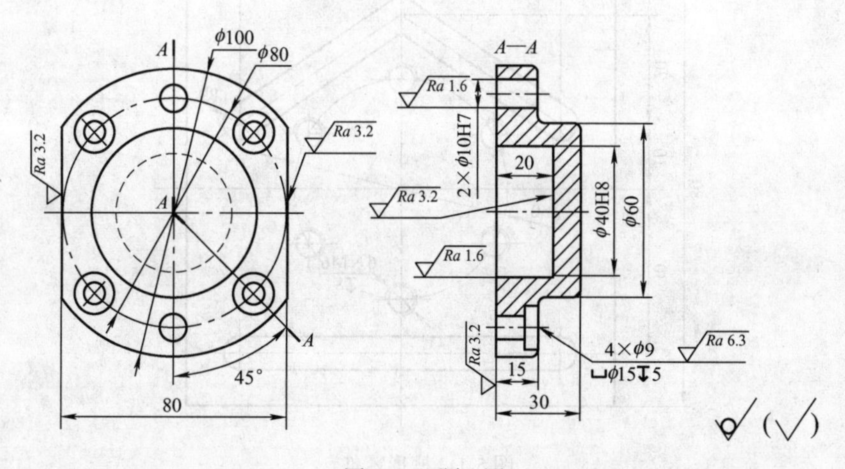

图 4-27 题 4 图

模块五　综 合 加 工

任务一　零件的综合加工

【任务目标】

一、任务描述

如图 5-1 所示，槽形零件毛坯为四周已加工的铝锭（厚为 20mm），槽宽 6mm，槽深 2mm，表面粗糙度值 Ra 为 6.3μm。编写该槽形零件加工程序。

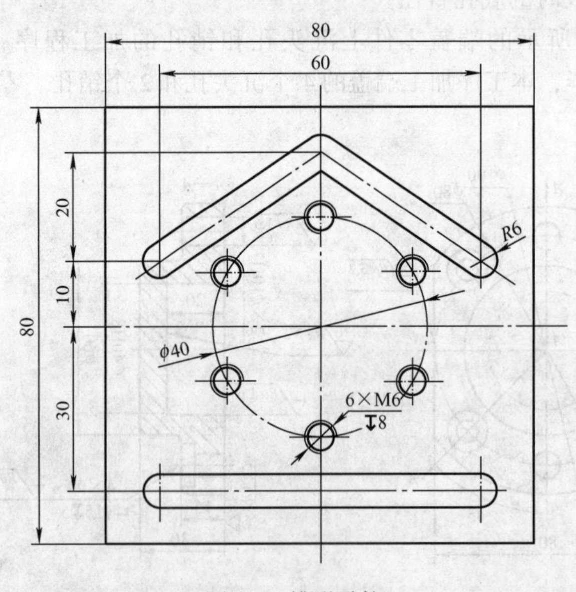

图 5-1　槽形零件

二、学习目标

1）学习各种指令格式和应用范围、技巧。

2）能够读懂零件图，掌握零件加工工艺分析、加工程序的编制和零件的加工方法。

3）学会选择加工所需的夹具和刀具。

4）掌握加工中心的编程方法。

三、技能目标

1）熟练掌握刀具半径补偿和长度补偿指令的应用。

2）学会分析综合零件的加工工艺。

3）能够对加工零件进行工艺分析，编制加工程序，进行零件的加工。

4）会选用相关的量具进行测量。

【知识链接】

加工中心换刀指令如下：

（1）只需 Z 轴回机床原点（无机械手的换刀）

G91 G28 Z0；

M06 T01；　　　　　　将 1 号刀换到主轴上

…

G91 G28 Z0；

M06 T05；　　　　　　将 5 号刀换到主轴上

…

（2）Z 轴先返回机床原点，且必须 Y 轴返回第二参考点（有机械手的换刀）

T01；　　　　　　　　1 号刀转至换刀位置

G91 G28 Z0；

G30 Y0；

M06 T03；　　　　　　将 1 号刀换到主轴上，3 号刀转至换刀位置

…

G91 G28 Z0；

G30 Y0；

M06 T04；　　　　　　将 3 号刀换到主轴上，4 号刀转至换刀位置

…

【任务实施】

一、零件图分析

零件毛坯为 80mm × 80mm 四周已加工的铝锭（厚为 20mm），槽宽 6mm，槽深 2mm，表面粗糙度值 Ra 为 6. 3μm。

二、加工工艺分析

1）槽形零件除了槽的加工外，还有螺纹孔的加工。其工艺安排为“钻孔→扩孔→攻螺纹→铣槽”。

2）选择机床。在加工中心上完成加工。

3）选择夹具。采用机用平口钳装夹。

4）选择刀具。加工工序及所用刀具见表 5-1。

表 5-1　零件工艺清单

材　　料	铝	零　件　号	001		程　序　名	O1234
操作序号	内容	主轴转速/(r/min)	进给速度/(m/min)	刀　　具		
				编　　号	类　　型	直径/mm
1	钻孔	1500	80	1	ϕ4mm 钻头	4
2	扩孔	2000	100	2	ϕ5mm 钻头	5
3	攻螺纹	200	200	3	M6 丝锥	6
4	铣槽	2300	100、180	4	ϕ6mm 铣刀	6

三、程序编制

确定工件坐标系和对刀点。在 *XOY* 平面内确定以工件中心为工件原点，*Z* 方向上工件表面为工件原点，建立工件坐标系。采用手动对刀方法，工件中心为对刀点。加工程序见表 5-2。

表 5-2　槽形零件的加工程序

程 序 内 容	说　　明
O1234;	程序名
N10　G54;	
N20　G40　G49　G80　H00;	取消刀具长度补偿和循环加工
N30　G91　G28　Z0;	
N40　M06　T1;	换 1 号刀，开始 ϕ5mm 钻孔
N50　M03　S1500;	
N60　G90　G43　H01　G00　X0　Y20.0　Z10.0;	快速进到 *R* 点，建立长度补偿
N70　G81　G99　X0　Y20.0　Z-7.0　R2.0　F80;	G81 循环钻孔，孔深 7mm，返回 *R* 点平面
N80　G99　X17.32　Y10.0;	
N90　G99　Y－10.0;	
N100　G99　X0　Y－20.0;	
N110　G99　X－17.32　Y－10.0;	
N120　G98　Y10.0;	
N130　G80　M05;	取消循环钻孔指令，主轴停
N140　G28　X0　Y0　Z50;	回参考点
N150　G49　M00;	
G00　Z50;	
M06　T2;	换 2 号刀，开始扩孔
N160　M03　S2000;	
N170　G90　G43　H02　G00　X0　Y20.0　Z10.0;	
N180　G83　G99　Z－12.0　R2.0　Q7.0　F100;	G83 循环扩孔
N190　G99　X17.32　Y10.0;	

（续）

程序内容	说　明
N200 G99 Y－10.0；	
N210 G99 X0 Y－20.0；	
N220 G99 X－17.32 Y－10.0；	
N230 G98 Y10.0；	
N240．G80 M05；	取消循环扩孔指令，主轴停
N250 G28 X0 Y0 Z50；	
N260 G49 M00；	
G00 Z50；	
M06 T3；	换3号刀，开始攻螺纹
N270 M03 S200；	
N280 G90 G43 H03 G00 X0 Y20.0 Z10.0；	
N290 G84 G99 Y20.0 Z－8.0 R5.0 F200；	G84循环攻螺纹
N300 G99 X17.32 Y10.0；	
N310 G99 X0 Y－20.0；	
N320 G99 X－17.32 Y－10.0；	
N330 G98 Y10.0；	
N340 G80 M05；	取消螺纹循环指令、主轴停
N350 G28 X0 Y0 Z50；	
N360 G49 M00；	
G00 Z50；	
M06 T4；	换4号刀，铣槽
N370 M03 S2300；	
N380 G90 G43 X－30.0 Y10.0 Z10.0 H04；	
N390 Z2.0；	
N400 G01 Z0 F180；	
N410 X0 Y30.0 Z－2.0；	
N420 X30.0 Y10.0 Z－2.0；	
N430 G00 Z2.0；	
N440 X－30.0 Y－30.0；	
N450 G01 Z－2.0 F100；	
N460 X30.0；	
N470 G00 Z10.0 M05；	
N480 G28 X0 Y0 Z50；	
N490 M30；	

四、仿真（机械加工）

仿真加工过程如下：

1）启动软件。

2）选择机床与数控系统。本书主要采用 FANUC 0i 数控系统。

3）激活机床。

4）设置工件并安装。

5）选择刀具并安装。

6）试切法对刀。此处用 G54 设定工件坐标系的对刀方法。

7）编写程序并自动加工。

8）测量尺寸。

【任务评价】

任务评价项目见表 5-3。

表 5-3　任务评价项目

项　　目	序　　号	技能要求	配　　分	得　　分
工艺分析与程序编制（45%）	1	零件加工工艺	10 分	
	2	刀具卡	5 分	
	3	工序卡	5 分	
	4	加工程序	25 分	
仿真与机床操作（35%）	5	仿真系统（机床）基本操作	20 分	
	6	仿真工件（零件）与尺寸	15 分	
职业能力（5%）	7	学习及操作态度	5 分	
文明生产（15%）	8	文明操作及团队协作	15 分	
总　计				

任务二　利用子程序调用、镜像功能及旋转功能编程

【任务目标】

一、任务描述

使用镜像功能编制图 5-2 所示轮廓的加工程序。设刀具起点距工件上表面 100mm，切削深度为 5mm。使用华中数控系统。

二、学习目标

1）学习调用子程序指令，掌握 G24、G25 镜像功能指令及其编程特点。

2）能够读懂零件图，掌握零件加工工艺分析、加工程序的编制和零件加工方法。

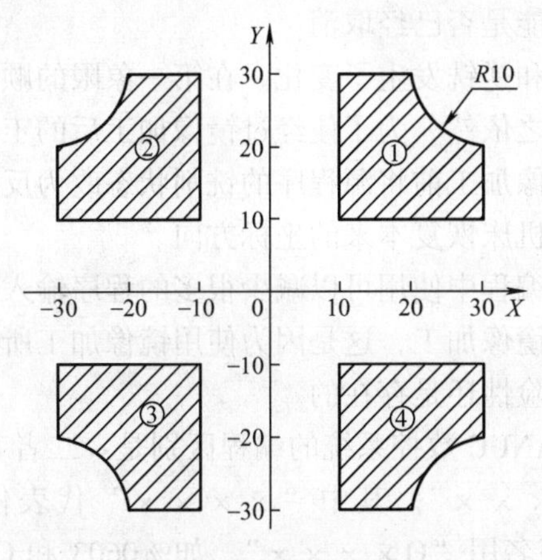

图 5-2　镜像功能应用

3）学会选择加工所需的夹具和刀具。

4）掌握加工中心的编程方法。

5）掌握华中数控系统和 FANUC 0i 数控系统的编程区别。

三、技能目标

1）熟练掌握 G24、G25 镜像功能指令及其编程特点。

2）会分析零件加工工艺。

3）会选用相关的量具进行测量。

4）掌握华中数控系统和 FANUC 0i 数控系统的编程区别。

【知识链接】

镜像功能指令 G24、G25（华中数控系统）指令格式如下：

G24 X __ Y __ Z __ A __；

M98 P __；

G25 X __ Y __ Z __ A __；

说明：G24 为建立镜像；G25 为取消镜像；X、Y、Z、A 为镜像位置。

当零件相对于某一轴具有对称形状时，可以利用镜像功能指令和子程序，即只对零件的一部分进行编程而加工出零件的对称部分。当某一轴的镜像有效时，该轴执行与编程方向相反的运动。

技术要点：执行镜像加工指令 G24，需要指定镜像轴线，如“G24　X0”表示加工程序进行关于 *Y* 轴的镜像加工，当要加工镜像体时只需将源程序代码加以镜像即可。镜像加工可以同时指定两轴的镜像，如“G24 X0 Y0”表示加工程序相对于 *X* 轴、*Y* 轴同时进行镜像加工。

提示：不同的机床控制器其镜像加工的指令有所不同，但基本上所有控制器都提供了镜像加工功能，而且其使用方法也基本相同。

技巧：使用调用子程序的方式，将需要加工的程序做成子程序，在本体加工时和镜像加工时分别调用，可以免去长程序的输入。在程序的最后，将刀具定位到 *X* 正方向一个点，以刀具停留位置确认镜像功能是否已经取消。

警告：镜像加工使顺铣和逆铣发生了变化。在第一象限的顺铣加工经过镜像后，在第二象限就转变为逆铣状态，反之依然。为了使经过镜像加工后的工件表面得到与本体一样的表面粗糙度，就必须在使用镜像加工前将源程序的铣削状态改为反向。完成镜像加工后，一定要用取消镜像加工指令，使机床恢复本来的坐标方向。

注意：镜像加工在手工编程中使用可以减少很多的程序输入时间，但在有条件进行自动编程的情况下，建议不使用镜像加工，这是因为使用镜像加工所得到的零件对称部分的表面质量会有所差别，同时其危险性还是存在的。

注：华中数控系统和FANUC数控系统的编程区别是：二者基本相同，只是华中数控系统程序的程序名用“%××××”。其中“××××”代表任意数字（1~55000），而FANUC数控系统程序的程序名用“O××××”，如%0603和O0603。其余编程规则相同，建议初学者注意区别，进行适当的编程练习。

【任务实施】

一、加工工艺分析

1）零件相对于 *X*、*Y* 轴及中心对称，可以利用镜像功能和子程序，只对工件的一部分进行编程而加工出工件的对称部分，即可采用镜像功能编程。根据任务描述知刀具起点距工件上表面100mm，切削深度为5mm。

2）选择机床。可在数控铣床或者加工中心上完成加工。

3）选择夹具。采用机用平口钳装夹或者工艺压板装夹。

二、程序编制

确定工件坐标系和对刀点。在 *XOY* 平面内确定以工件中心为工件原点，*Z* 方向上工件表面为工件原点，建立工件坐标系。采用手动对刀方法，*O* 点为对刀点。程序内容及说明见表5-4。

表5-4　镜像功能应用程序

程序内容	说　明
%8041（O8041）;	主程序（华中数控系统和FANUC 0i数控系统）
N10 G54 M03 S1200;	
N20 G00 Z0;	
N30 G98 P1000;	加工①
N40 G24 X0;（G51.1 X0;）	*Y* 轴镜像，镜像位置为 *X*=0（FANUC镜像）
N50 G98 P1000;	加工②
N60 G24 X0 Y0;（G51.1 X0 Y0;）	*X* 轴、*Y* 轴镜像，镜像位置为（0，0）（FANUC镜像）
N70 G98 P1000;	加工③
N80 G24 Y0;（G51.1 Y0;）	*X* 轴镜像（FANUC镜像）
N90 G98 P1000;	加工④

（续）

程序内容	说明
N100 G25 Y0；（G50.1 Y0；）	取消镜像（FANUC 取消镜像）
N110 M05；	
N120 M30；	
%1000（O1000）；	子程序（华中数控系统和 FANUC 数控系统）
N190 G91 X0 Y0；	
N200 G41 G00 X10.0 Y4.0 D01；	
N210 Y1.0；	
N220 Z－98.0；	
N230 G01 Z－7.0 F100；	
N240 Y25.0；	
N250 X10.0；	
N260 G03 X10.0 Y－10.0 I10.0；	
N270 G01 Y－10.0；	
N280 X－25.0；	
N290 G00 Z105；	
N300 G40 X－5.0 Y－10.0；	
N310 M99；	

三、仿真（机械加工）

仿真加工过程如下：

1）启动软件。

2）选择机床与数控系统。采用华中数控系统和 FANUC 0i 数控系统仿真加工，注意其区别。

3）激活机床。

4）设置工件并安装。

5）选择刀具并安装。

6）试切法对刀。此处用 G54 设定工件坐标系的对刀方法。

7）编写程序并自动加工。

8）测量尺寸。

【任务评价】

任务评价项目见表 5-5。

表 5-5 任务评价项目

项目	序号	技能要求	配分	得分
工艺分析与程序编制（45%）	1	零件加工工艺	10 分	
	2	刀具卡	5 分	
	3	工序卡	5 分	
	4	加工程序	25 分	

（续）

项　　目	序　　号	技能要求	配　　分	得　　分
仿真与机床操作（35%）	5	仿真系统（机床）基本操作	20 分	
	6	仿真工件（零件）与尺寸	15 分	
职业能力（5%）	7	学习及操作态度	5 分	
文明生产（15%）	8	文明操作及团队协作	15 分	
总　　计				

任务三　利用 G51.1、G50.1 指令功能的镜像加工

【任务目标】

一、任务描述

使用子程序调用镜像加工，编制图 5-3 所示零件轮廓的加工程序。零件材料为铝。

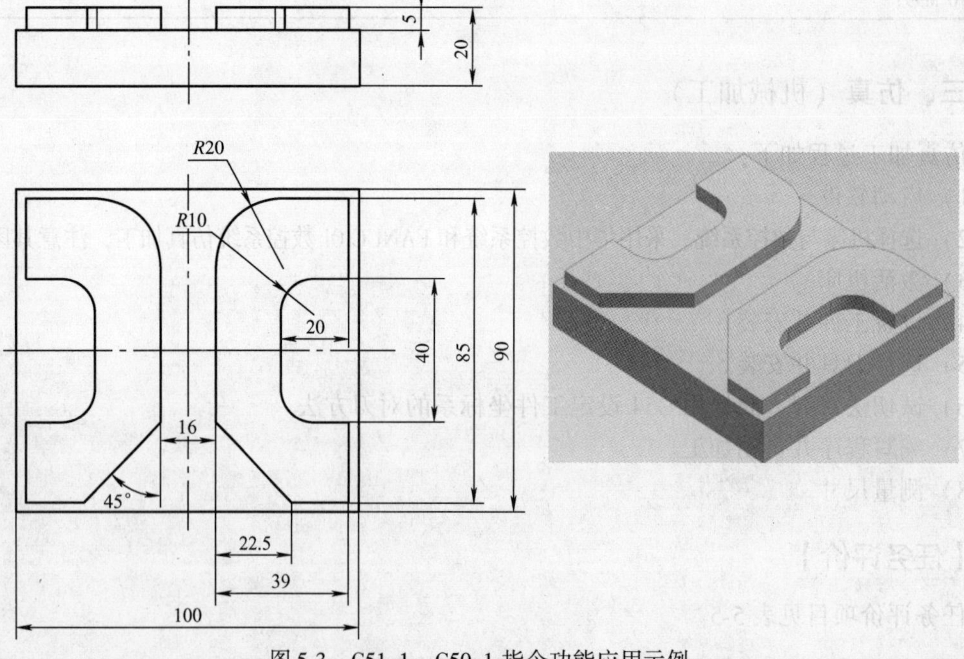

图 5-3　G51.1、G50.1 指令功能应用示例

二、学习目标

1）学习 G51.1、G50.1 指令功能及其编程特点。
2）能够读懂零件图。
3）学会选择加工所需的夹具和刀具。
4）掌握加工中心的编程方法。

三、技能目标

1）熟练掌握刀具半径补偿和长度补偿指令。

2）会分析综合零件的加工工艺。

3）会选用相关的量具进行测量。

【知识链接】

镜像功能指令 G51.1、G50.1 格式如下：

G51.1　X _Y _Z _;

M98　P _;

G50.1　X _Y _Z _;

说明：① G51.1 指令用于建立镜像，由指令坐标轴后的坐标值指定镜像位置（对称轴、线、点）。

② G50.1 指令用于取消镜像。

③ G51.1、G50.1 为模态指令，可相互注销，G50.1 为默认值。

注意：有刀补时，先镜像，然后进行刀具长度补偿和半径补偿。

【任务实施】

一、零件图分析

该零件为 100mm×90mm（厚为 20mm）四周已加工的方体类工件，工件相对于 *Y* 轴对称，可以利用镜像功能和子程序，只对工件的一部分进行编程，而能加工出工件的对称部分，现在采用子程序调用加工。

二、加工工艺分析

1）零件要求加工出凸台，最小圆角半径为 *R*10mm，为了减少换刀，可采用 ϕ15mm 铣刀加工。

2）选择机床。可在数控铣床或者加工中心上完成加工。

3）选择夹具。采用机用平口钳装夹。

4）选择刀具，填写零件工艺清单，见表 5-6。

表 5-6　零件工艺清单

材　料	铝	零　件　号			程　序　名	O0001
工步号	内容	主轴转速/（r/min）	进给速度/（m/min）	刀　具		
				编　号	类　型	直径/mm
1	铣凸台	2300	100、180	1	ϕ15mm 立铣刀	15

三、程序编制

确定工件坐标系和对刀点。在 *XOY* 平面内确定以工件中心为工件原点，*Z* 方向上工件表面为工件原点，建立工件坐标系。采用手动对刀方法，O 点为对刀点。程序内容及说明见表 5-7。

表 5-7　加工程序

程序内容	说明
O0001；	主程序
G90 G40 G21 G17 G94；	
G50.1 X0 Y0；	取消镜像
G91 G28 Z0；	
G90 G54 M03 S680；	
M08；	
M98 P0002；	
G51.1 X0；	建立镜像
M98 P0002；	
G50.1 X0；	
M09；	
M30；	
O0002；	子程序
G00 X－58.0 Y－48.0；	
Z50.0；	
Z5.0；	
G01 Z－3.0 F50；	
G41 D01 G01 X－47.0 Y－45.0 F100；	
X－47.0 Y－20.0；	
X－37.0 Y－20.0；	
G03 X－27.0 Y－10.0 R10.0；	
G01 X－27.0 Y10.0；	
G03 X－37.0 Y20.0 R10.0；	
G01 X－47.0 Y20.0；	
X－47.0 Y42.5；	
X－28.0 Y42.5；	
G02 X－8.0 Y22.5 R20.0；	
G01 X－8.0 Y－20.0；	
X－30.5 Y－42.5；	
X－50.0 Y－42.5；	
G40 G01 X－58.0 Y－48.0；	
G00 Z50.0；	
M99；	

四、仿真（机械加工）

仿真加工过程如下：

1）启动软件。

2）选择机床与数控系统。本书主要采用 FANUC 0i 数控系统。

3）激活机床。

4）设置工件并安装。

5）选择刀具并安装。

6）试切法对刀。此处用 G54 设定工件坐标系的对刀方法。

7）编写程序并自动加工。

8）测量尺寸。

【任务评价】

任务评价项目见表 5-8。

表 5-8 任务评价项目

项　目	序　号	技能要求	配　分	得　分
工艺分析与程序编制（45%）	1	零件加工工艺	10 分	
	2	刀具卡	5 分	
	3	工序卡	5 分	
	4	加工程序	25 分	
仿真与机床操作（35%）	5	仿真系统（机床）基本操作	20 分	
	6	仿真工件（零件）与尺寸	15 分	
职业能力（5%）	7	学习及操作态度	5 分	
文明生产（15%）	8	文明操作及团队协作	15 分	
总　计				

任务四 利用旋转变换 G68、G69 指令功能的加工

【任务目标】

一、任务描述

使用旋转功能编制图 5-4 所示零件轮廓的加工程序，设刀具起点距工件上表面 50mm，切削深度为 5mm。零件材料为铝。

二、学习目标

1）学习 G68、G69 旋转变换指令功能及其编程特点。

2）能够读懂零件图，掌握零件加工工艺分析、加工程序的编制和零件的加工方法。

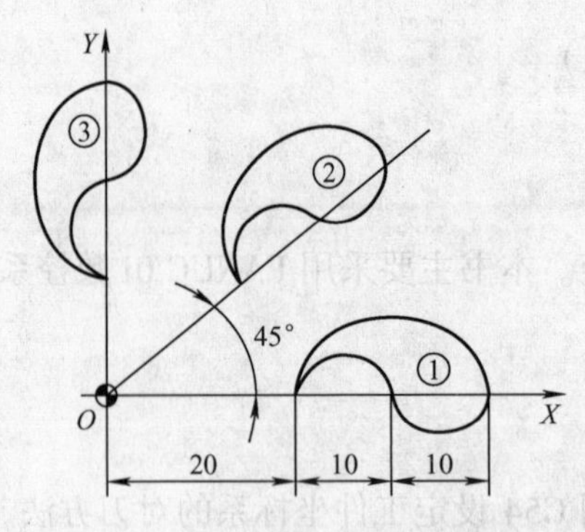

图 5-4　旋转变换功能应用

3）会选择加工所需的夹具和刀具。

4）掌握加工中心的编程方法。

三、技能目标

1）熟练掌握 G68、G69 旋转变换指令功能及其编程特点。

2）会分析零件加工工艺。

3）会选用相关的量具进行测量。

【知识链接】

旋转变换 G68、G69 指令。格式如下：

G17 G68 X __Y __Z __R __;

M98 P __;

G69;

说明：G68 为建立旋转；G69 为取消旋转；X、Y、Z 为旋转中心的坐标值；R 为旋转角度，单位是（°），且 0°≤R≤360°。

在有刀具补偿的情况下，先旋转后进行刀具补偿（半径补偿、长度补偿）；在有缩放功能的情况下，先缩放后旋转。

技术要点：G68 可以完成图形的旋转编程，以给定点为旋转中心，将图形旋转给定角度值。子程序可以再调用子程序，形成多级调用。子程序多级调用与单级调用的使用方法一样，只是子程序在返回时将返回其上一级。子程序不能调用主程序，否则形成无限循环。

提示：G68 加工指令中省略 X、Y，表示以程序原点为旋转中心。

技巧：使用多级子程序调用可以大幅度减少程序的长度。使用相对坐标指令 G91 可逐步完成一周的加工，省略了每一次调用子程序语句的编写。

警告：在需要坐标旋转加工部分完成后，一定要使用 G69 取消旋转功能指令。在程序末尾加上一个单节，使刀具最后定位到某一位置，可以判断是否已经取消坐标旋转功能。

注意：对于类似于本任务的零件，如果要根据全部节点的坐标编制零件加工程序，则单是这些节点对应的坐标值的计算工作量之大就可想而知；即便是利用了坐标系旋转，其加工程序还是非常之长，并且增加了数据出错的概率。有条件的情况下，应使用自动编程软件进行编程，可以避免手工输入的差错，同时大幅提高效率。

【任务实施】

一、加工工艺分析

1）对零件图分析得出，可以45°角度旋转加工该零件，故可利用旋转变换指令，使加工程序简化。已知刀具起点距工件上表面50mm。

2）选择机床。可在数控铣床或者加工中心上完成加工。

3）选择夹具。采用机用平口钳或者工艺压板装夹。

4）选择刀具，填写零件工艺清单，见表5-9。

表5-9 零件工艺清单

材 料	铝	零 件 号			程 序 号	O8061
工步号	内容	主轴转速/（r/min）	进给速度/（m/min）	刀 具		
				编 号	类 型	直径/mm
1	铣面	2300	100、180	1	ϕ10mm 立铣刀	10

二、程序编制

确定工件坐标系和对刀点。在 *XOY* 平面内确定以工件中心为工件原点，*Z* 方向上工件表面为工件原点，建立工件坐标系。采用手动对刀方法，*O* 点为对刀点。程序内容及说明见表5-10。(华中)

表5-10 旋转功能应用加工程序

程序内容	说 明
%8061；	主程序
N10 G92 X0 Y0 Z50；	
N15 G90 G17 M03 S600；	
N20 G43 Z-5 H02；	
N25 M98 P200；	加工①
N30 G68 X0 Y0 R45；	旋转45°
N40 M98 P200；	加工②
N60 G68 X0 Y0 R90；	旋转90°
N70 M98 P200；	加工③
N20 G49 Z50；	
N80 G69 M05 M30；	取消旋转
%200；	子程序（①的加工程序）
N100 G41 G01 X20 Y-5 D02 F300；	
N105 Y0；	
N110 G02 X40 I10；	
N120 X30 I-5；	
N130 G03 X20 I.5；	
N140 G00 Y-6；	

（续）

程序内容	说　明
N145 G40 X0 Y0；	
N150 M99；	

三、仿真（机械加工）

仿真加工过程如下：

1）启动软件。

2）选择机床与数控系统。采用华中数控系统仿真加工。

3）激活机床。

4）设置工件并安装。

5）选择刀具并安装。

6）试切法对刀。此处用G54设定工件坐标系的对刀方法。

7）编写程序并自动加工。

8）测量尺寸。

【任务评价】

任务评价项目见表5-11。

表5-11　任务评价项目

项　目	序　号	技能要求	配　分	得　分
工艺分析与程序编制（45%）	1	零件加工工艺	10分	
	2	刀具卡	5分	
	3	工序卡	5分	
	4	加工程序	25分	
仿真与机床操作（35%）	5	仿真系统（机床）基本操作	20分	
	6	仿真工件（零件）与尺寸	15分	
职业能力（5%）	7	学习及操作态度	5分	
文明生产（15%）	8	文明操作及团队协作	15分	
总　计				

任务五　综合零件加工

【任务目标】

一、任务描述

如图5-5所示，毛坯为100mm×80mm×27mm的方形坯料，材料为45钢，且底面和四个轮廓面均已加工好，要求在立式加工中心上加工顶面、孔及沟槽。

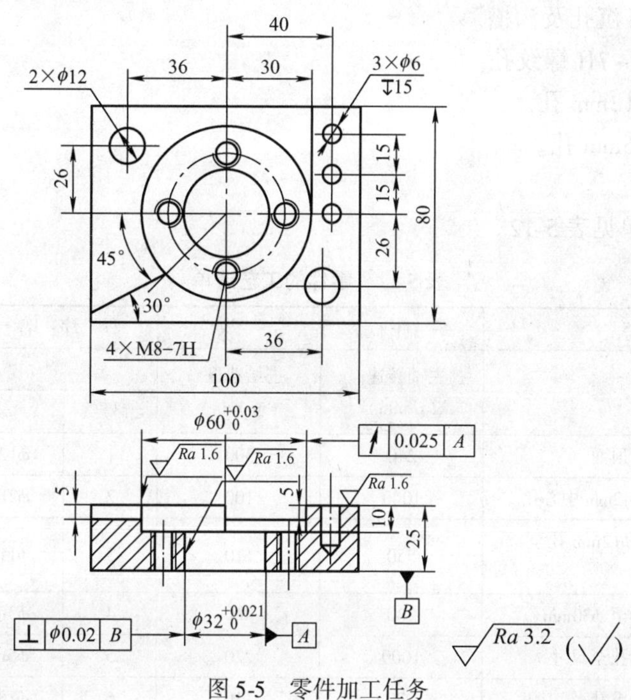

图 5-5　零件加工任务

二、学习目标

1）学习综合零件的加工及其编程特点。

2）能够读懂零件图，掌握零件加工工艺分析、加工程序的编制和零件的加工方法。

3）学会选择加工所需的夹具和刀具。

4）掌握加工中心的编程方法。

三、技能目标

1）掌握综合零件的加工及编程能力。

2）学会分析综合零件的加工工艺、加工程序的编制和工件的加工。

3）会选用相关的量具进行测量。

【任务实施】

一、零件图分析

由图 5-5 分析可知，该零件毛坯为 100mm×80mm（厚为 27mm）方体，零件加工有孔、沉孔、沟槽、螺纹孔等，部分结构加工精度要求较高，加工中需要采用先粗后精的加工方法。

二、加工工艺分析

1. 加工部位分析

① 加工顶面。

② 加工 ϕ32mm 孔。
③ 加工 ϕ60mm 沉孔及沟槽。
④ 加工 4 × M8 - 7H 螺纹孔。
⑤ 加工 2 × ϕ12mm 孔。
⑥ 加工 3 × ϕ6mm 孔。

2. 工艺设计

零件的工艺清单见表 5-12。

表 5-12　零件的工艺清单

材料	45	零 件 号		程 序 名		
工步号	内 容	主轴转速/(r/min)	进给速度/(m/min)	刀 具		
				编号数	类 型	直径/mm
1	粗铣顶面	240	300	1	ϕ125mm 铣刀	125
2	钻 ϕ32mm、ϕ12mm 中心孔	1000	100	2	ϕ2mm 中心钻	2
3	钻 ϕ32mm、ϕ12mm 孔至 ϕ11.5mm	550	110	3	ϕ11.5mm 钻头	11.5
4	扩 ϕ32mm 孔至 ϕ30mm	280	85	4	ϕ30mm 钻头	30
5	钻 3 × ϕ6mm 孔至尺寸	1000	220	5	ϕ6mm 钻头	6
6	粗铣 ϕ60mm 沉孔及沟槽	370	110	6	ϕ18mm 立铣刀	18
7	钻 4 × M8 底孔至 ϕ6.8mm	950	140	7	ϕ6.8mm 钻头	6.8
8	镗 ϕ32mm 孔至 ϕ31.7mm	830	120	8	ϕ31.7mm 镗刀	31.7
9	精铣顶面	320	280	1	ϕ125mm 铣刀	125
10	铰 ϕ12mm 孔至尺寸	170	42	9	ϕ12mm 铰刀	12
11	精镗 ϕ32mm 孔至尺寸	940	75	10	ϕ32mm 镗刀	32
12	精铣 ϕ60mm 沉孔及沟槽	460	80	6	ϕ18mm 立铣刀	18
13	ϕ12mm 孔口倒角	800	200	11	ϕ20mm 倒角刀	20
14	3 × ϕ6mm、M8 孔口倒角	500	200	3	ϕ11.5mm	11.5
15	攻 4 × M8 螺纹	320	400	12	M8 丝锥	8

三、编制程序

确定工件坐标系和对刀点：在 *XOY* 平面内确定以工件中心为工件原点，*Z* 方向上工件表面为工件原点，建立工件坐标系。采用手动对刀方法，*O* 点为对刀点。程序内容及说明见表 5-13 ~ 表 5-25。

表 5-13　粗铣顶面程序

程序内容	说 明
O1011;	程序名
G54;	
N3 G17 G90 G40 G80 G49 G21;	

（续）

程序内容	说 明
G91 G28 Z0.；	
N5 M06 T01；	
N8 G90 G54 G00 X120. Y0.；	
N9 M03 S240；	
N10 G43 Z100. H01；	
N11 Z0.5；	
N12 G01 X-120. F300；	
N13 G00 Z100. M05；	
N14 G91 G28 Z0.；	
/M00；	

表 5-14 钻 ϕ32mm、ϕ12mm 中心孔程序

程序内容	说 明
N16 M06 T02；	2号刀
N19 G90 G54 G00 X0 Y0；	
N20 M03 S1000；	
N21 G43 Z100. H02；	
N22 G99 G81 Z-5. R5. F100；	
N23 X-36. Y26.；	
N24 G98 X36. Y-26.；	
N25 G80 G91 G28 Z0. M05；	
/M00；	

表 5-15 钻 ϕ32mm、ϕ12mm 孔至 ϕ11.5mm 程序

程序内容	说 明
N27 M06 T03；	3号刀
N30 G90 G54 G00 X0. Y0.；	
N31 M03 S550；	
N32 G43 Z100. H03；	
N33 G99 G81 Z-30. R5. F110；	
N34 X-36. Y26.；	
N35 G98 X36. Y-26.；	
N36 G80 G91 G28 Z0. M05；	
/M00；	

表 5-16　扩孔程序

程序内容	说　明
N38　M06　T04；	4 号刀
N41　G90　G54　G00　X0.　Y0.；	
N42　M03　S280；	
N43　G43　Z100.　H04；	
N44　G98　G81　Z-35.　R5.　F85；	
N45　G80　G91　G28　Z0.　M05；	
/M00；	

表 5-17　钻 3 × ϕ6mm 孔程序

程序内容	说　明
N47　M06　T05；	5 号刀
N50　G90　G54　G00　X40.　Y0.；	
N51　M03　S1000；	
N52　G43　Z100.　H05；	
N53　G99　G81　Z-15. R5. F220；	
N54　Y15.；	
N55　G98　Y30.；	
N56　G80　G91　G28　Z0.　M05；	
/M00；	

表 5-18　粗铣 ϕ60mm 沉孔及沟槽程序

程序内容	说　明
N58　M06　T06；	6 号刀
N61　G90　G54　G00　X0.　Y0.；	
N62　M03　S370；	
N63　G43　Z5.　H06；	
N64　G01　Z-10.　F1000；	
N65　G41　X8.　Y-15.　D06　F110；	
N66　G03　X23.　Y0.　R15.；	
N67　I-23.；	
N68　X8.　Y15.　R15.；	
G00　G40　X0.　Y0.；	
N69　G01　G41　X15.　Y-15.　D06；	
N70　G03　X30.　Y0.　R15.；	
N71　I-30.；	
N72　X15. Y15. R15.；	

（续）

程序内容	说　明
N73　G01　X-16.　Y0.；	
N74　Z-4.7　F1000；	
N75　X-61.　F110；	
N76　X-56.5　Y-41.586；	
N77　X-12.213　Y-16.017；	
N78　X15. Y-15. F1000；	
N79　G03　X30.　Y0.　R15.　F110；	
N80　G01　Y51.；	
N81　X0.；	
N82　Y16.；	
N83　G40　Y0.　F1000；	
N84　G00　Z100.　M05；	
N85　G91　G28　Z0.；	
/M00；	

表 5-19　钻 4×M8 底孔至 ϕ6.8mm 孔程序

程序内容	说　明
N87　M06　T07；	7 号刀
N88　G90　G54　G00　X23.　Y0.；	
N91　M03　S950；	
N92　G43　Z100.　H07；	
N93　G98　G81　Z-30.　R5.　F140；	
N94　X0.　Y23.；	
N95　X-23.　Y0.；	
N96　G98　X0.　Y-23.；	
N97　G80　G91　G28　Z0.　M05；	
/M00；	

表 5-20　镗 ϕ32mm 孔至 ϕ31.7mm 实例程序

程序内容	说　明
N9　M06　T08；	8 号刀
N102　G90　G54　G00　X0.　Y0.；	
N103　M03　S830；	
N100　G43　Z100.　H08；	
N101　G98　G76　Z-27.　R5.　Q0.1　F120；	
N102　G80　G91　G28　Z0.　M05；	
/M00；	

表 5-21　精铣顶面程序

程序内容	说　明
N106　M06　T01；	1 号刀
N107　G90　G54　G00　X120.　Y0.；	
N108　M03　S320；	
N109　G43　Z100. H01；	
N110　Z0；	
N111　G01　X-120.　F280；	
N112　G00　Z100.　M05；	
N113　G91　G28　Z0.　M05；	
/M00；	

表 5-22　铰 ϕ12mm 孔程序

程序内容	说　明
N117　M06　T09；	9 号刀
N118　G90　G54　G00　X-36.　Y26.；	
N119　M03　S170；	
N120　G43　Z100.　H09；	
N121　G99　G82　Z-30.　R5.　P1000　F42；	
N122　G98　X36.　Y-26.；	
N123　G80　G91　G28　Z0.　M05；	
/M00；	

表 5-23　精镗 ϕ32mm 孔程序

程序内容	说　明
N125　M06　T10；	10 号刀
N126　G90　G54　G00　X0.　Y0.；	
N127　M03　S940；	
N128　G43　Z100.　H10；	
N129　G98　G76　Z-27.　R5.　Q0. 1　F75；	
N130　G80　G91　G28　Z0.　M05；	
/M00；	

表 5-24　精铣 ϕ60mm 沉孔及沟槽程序

程序内容	说　明
N134　M06　T11；	11 号刀
N137　G90　G54　G00　X0.　Y0.；	
N138　M03　S460；	
N139　G43　Z5.　H11；	

（续）

程序内容	说　明
N140　G01　Z-10.　F1000;	
N141　G41　X8.　Y-15.　D11　F80;	
N142　X15.;	
N143　G03　X30.　Y0　R15.;	
N144　I-30.;	
N145　X15.　Y-15. R15.;	
N146　G01　X-16.　Y0.;	
N147　Z-5.　F1000;	
N148　X-61. F110;	
N149　X-56. 5　Y-41. 586.;	
N150　X-12. 213　Y-16. 017;	
N151　X15. Y-15. F1000;	
N152　G03　X30.　Y0. R15. F150;	
N153　G01　Y51.;	
N154　X0.　;	
N155　Y16.;	
N156　G40　Y0.　F1000;	
N157　G00　Z100.　M05;	
N158　G91　G28　Z0.;	
/M00;	

表 5-25　攻 4×M8 螺纹程序

程序内容	说　明
N185　M06　T12;	12 号刀
N187　G90　G54　G00　X23.　Y0.;	
N188　M03　S320;	
N190　G43　Z100.　H12;	
N192　G98　G84　Z-27.　R10.　F400;	
N193　X0.　Y23.;	
N194　X-23.　Y0.;	
N195　X0.　Y-23.;	
N196　G80　G91　G28　Z0.;	
N198　G28　X0.　Y0.;	
M30;	

四、仿真（机械加工）

仿真加工过程如下：

1）启动软件。
2）选择机床与数控系统。本书主要采用FANUC 0i数控系统。
3）激活机床。
4）设置工件并安装。
5）选择刀具并安装。
6）试切法对刀。此处用G54设定工件坐标系的对刀方法。
7）编写程序并自动加工。
8）测量尺寸。

【任务评价】

任务评价项目见表5-26。

表5-26 任务评价项目

项 目	序 号	技能要求	配 分	得 分
工艺分析与程序编制（45%）	1	零件加工工艺	10分	
	2	刀具卡	5分	
	3	工序卡	5分	
	4	加工程序	25分	
仿真与机床操作（35%）	5	仿真系统（机床）基本操作	20分	
	6	仿真工件（零件）与尺寸	15分	
职业能力（5%）	7	学习及操作态度	5分	
文明生产（15%）	8	文明操作及团队协作	15分	
总 计				

思考与练习

一、选择题

1. 在CRT/MDI面板的功能键中，显示机床现在位置的键是(　　)。
A. POS　　B. PRGRM　　C. OFSET
2. 在CRT/MDI面板的功能键中，用于程序编制的键是(　　)。
A. POS　　B. PRGRM　　C. ALARM
3. 在CRT/MDI面板的功能键中，用于刀具偏置数设置的键是(　　)。
A. POS　　B. OFSET　　C. PRGRM
4. 在CRT/MDI面板的功能键中，用于报警显示的键是(　　)。
A. DGNOS　　B. ALARM　　C. PARAM
5. 数控程序编制功能中常用的插入键是(　　)。
A. INSRT　　B. ALTER　　C. DELET
6. 数控程序编制功能中常用的删除键是(　　)。

A. INSRT　　B. ALTER　　C. DELET

7. 数控机床工作时，当发生任何异常现象需要紧急处理时应启动(　　)。

A. 程序停止功能　　B. 暂停功能　　C. 紧停功能

8. 热继电器在控制电路中起的作用是(　　)。

A. 短路保护　　B. 过载保护　　C. 失电压保护

9. 数控机床加工调试中遇到问题想停机应先停止(　　)。

A. 切削液　　B. 主运动　　C. 进给运动

10. 数控机床如长期不用时最重要的日常维护工作是(　　)。

A. 清洁　　B. 干燥　　C. 通电

二、编程题

1. 编写图 5-6 所示轮廓的加工程序。

2. 根据图 5-7 所示零件要求，编写加工程序，要求给出零件的工艺清单以及加工程序单，并仿真加工。

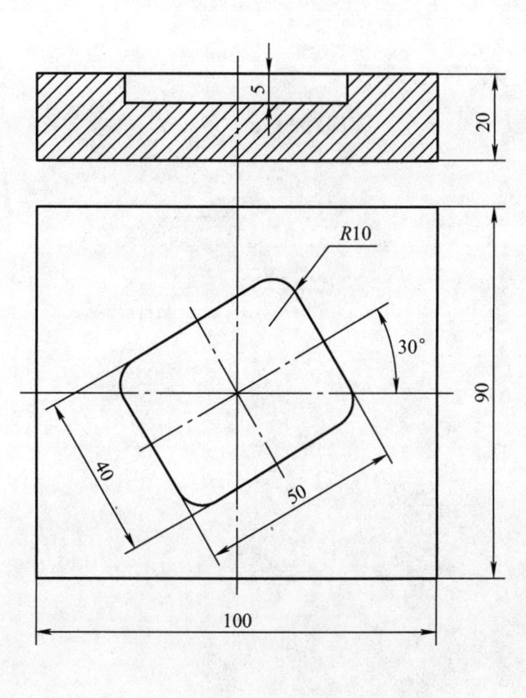

图 5-6　题 1 图

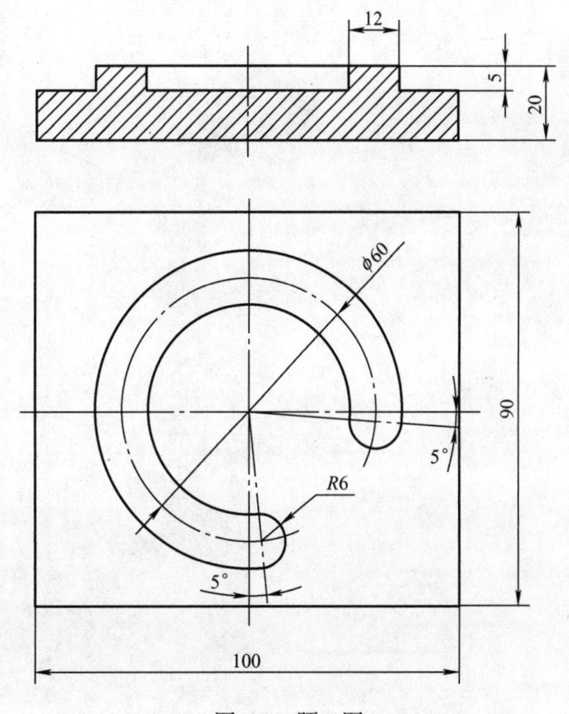

图 5-7　题 2 图

参考文献

[1] 王爱玲．数控铣削编程与操作［M］．北京：电子工业出版社，2008.
[2] 郑书华．数控铣削编程与操作训练［M］．2 版．北京：高等教育出版社，2010.
[3] 张若锋，邓健平．数控加工实训［M］．北京：机械工业出版社，2011.
[4] 张若锋，邓健平．数控编程与操作［M］．北京：机械工业出版社，2010.
[5] 韩鸿鸾．数控铣工加工中心操作工（中级）［M］．北京：机械工业出版社，2011.
[6] 崔俊明，张亚力．数控铣削编程与操作［M］．北京：中国铁道出版社，2010.
[7] 耿国卿．数控铣削编程与加工项目教程［M］．北京：化学工业出版社，2015.
[8] 张瑜胜，刘欣欣．数控铣削编程与操作［M］．杭州：浙江大学出版社，2008.
[9] 钟富平．数控技术专业课程标准与教学设计［M］．北京：机械工业出版社，2011.